Inhalt

Editorial	1
Flexible Fertigungssysteme (FFS) im Spannungsfeld zwischen Rationalisierung, Flexibilisierung und veränderten Fertigungsstrukturen *Von Prof. Dr. Dietrich Adam*	5
Kostenbewertung flexibler Fertigungssysteme *Von Prof. Dr.-Ing. Dr.h.c. Dipl.-Wirt.-Ing. Walter Eversheim /* *Dipl.-Ing. Dipl.-Wirt.-Ing. Matthias Fuhlbrügge*	29
Organisatorische Integration von Flexiblen Fertigungssystemen durch CIM und Logistik *Von Prof. Dr. Jörg Becker / Dipl.-Kfm. Michael Rosemann*	55
Innovation der Arbeit und der Technik durch demokratischen Dialog *Von Siegfried Bleicher*	81
Fertigungskonzept im Hause Sulzer Weise GmbH, Bruchsal *Von Rudolf Schmitt*	89
Flexible Fertigungssysteme in der Automobilindustrie – Ein Erfahrungsbericht *Von Dr. Bernd Wilhelm*	101
SzU-Kurzlexikon	118
SzU-Grundsätze und Ziele	122
Herausgeber	123
Autoren	124
Vorschau	125

Herausgeber: Prof. Dr. Dietrich Adam, Direktor des Instituts für Industrie- und Krankenhausbetriebslehre der Westfälischen Wilhelms-Universität Münster, Universitätsstr. 14-16, D-4400 Münster

Bezugsbedingungen: Einzelband 78,– DM · Abonnementspreis 70,20 DM

ISBN-13: 978-3-409-17914-0   e-ISBN-13: 978-3-322-85613-5
DOI: 10.1007/978-3-322-85613-5

Zitierweise: SzU, Band 46, Wiesbaden 1993

© Betriebswirtschaftlicher Verlag Dr. Th. Gabler GmbH, Wiesbaden 1993

Editorial

Zur Zeit steht die Industrie mitten in einer Umstrukturierung der Produktionsprozesse. Ziel dieser Umstrukturierung ist die schlanke Produktion, die es ohne große Lagerbestände in kurzer Zeit erlaubt, die Fertigung kostengünstig auf andere am Markt gewünschte Produkte umzustellen und den Bedarf möglichst zeitgenau zu befriedigen (just-in-time). Dieses Ziel kann nur erreicht werden, wenn die Organisationsformen der Fertigung verändert und die Prinzipien der klassischen Massen- und Werkstattfertigung überwunden werden. Voraussetzung dafür sind u.a. Flexible Produktionssysteme, die es erlauben, die Produktion schnell bedarfsorientiert umzustellen. Flexibilität in der Produktion unterschiedlicher Produkte, kurze Durchlaufzeiten, geringe Kapitalbindung in den Beständen und Liefertreue sind daher derzeit die strategischen Wettbewerbsargumente auf gesättigten Märkten.

Eine flexiblere Produktion in flexibleren Organisationsformen der Fertigung ist nur zu erreichen, wenn gleichzeitig die Informationsbasis der Unternehmen verbessert wird. Schnelles Reagieren auf Kundenwünsche setzt eine Integration der Informationsbasis des Unternehmens und eine verbesserte Steuerung der Produktion voraus, wenn die Potentiale eines Flexiblen Produktionssystems optimal ausgeschöpft werden sollen. Zugleich wird der Wandel der Organisationsform der Fertigung tiefgreifende Rückwirkungen auf die Arbeitsabläufe und die erforderliche Qualifikation der Mitarbeiter haben.

Die mit dem Strukturwandel der Produktion verbundenen Probleme sollen den Lesern in diesem Band durch eine Reihe von Beiträgen nähergebracht werden. Der vorliegende Band soll einen Überblick über die neue Denkrichtung in der Produktion vermitteln.

Ziel des ersten Beitrages ist es, den Lesern zunächst einen Überblick über die Gründe für den Einsatz Flexibler Fertigungssysteme zu geben. Diese Gründe sind in den Bereichen

- steigender Flexibilitätsbedarf durch Marktveränderungen,
- Rationalisierungsbestrebungen und
- erforderlicher Wandel der Organisationsformen der Fertigung zu suchen.

Es werden dann verschiedene Dimensionen der Flexibilität (Bestands-, Entwicklungsflexibilität, Flexibilität bei der Produktionsmenge, den Bearbeitungsfunktionen, Anpassungsgeschwindigkeit und der Durchlauffreiheit in der Produktion) diskutiert. Es schließt sich eine Darstellung der Komponenten eines FFS (Bearbeitungsfunktionen, Handhabungsfunktionen, Lager- und Transportfunktionen sowie Steuerungs- und Überwachungsfunktionen) an. Zudem wird ein Ausblick auf die betriebswirtschaftlichen Auswirkungen von FFS gegeben. Diskutiert werden Veränderungen in den Planungs- und Steuerungsaufgaben, Rückwirkungen auf die Kostenstruktur und die erforderlichen Kalkulationsmethoden sowie Auswirkungen auf die Qualitätspolitik, die Organistion und den Arbeitskräftebedarf.

Der zweite Beitrag beschäftigt sich mit der Kostenbewertung bei einer Produktion mit Flexiblen Fertigungssystemen. Die Autoren beschreiben, daß veränderte Kostenstrukturen auch neue Formen der Erfassung und Verrechnung des Werteverzehrs nach sich ziehen müssen, wenn die Kosten verursachungsgerecht im Sinne der beanspruchten Faktoren auf die Produkte verrechnet werden sollen. Nach einer Darstellung der Schwachstellen der Zuschlagskalkulation wird die Prozeßkostenrechnung erläutert. Aufbauend auf beschriebenen Schwächen bisher veröffentlichter Darstellungen zur Prozeßkostenrechnung, stellen die Autoren das Kostenrechnungssystem der funktional-differenzierten Kostenrechnung vor. Dieses System kann als eine verfeinerte Form der Prozeßkostenrechnung interpretiert werden.

Der dritte Beitrag beschäftigt sich mit den Auswirkungen des Einsatzes von FFS auf den Informations- und den Materialfluß. Ausgehend von einer objektorientierten Sicht der Fertigung werden zunächst veränderte strategische und operative Planungsprobleme aufgezeigt. Effiziente Lösungen dieser Planungsprobleme bedingen eine Reorganisation der zugrundeliegenden Daten. Am Beispiel der Reduzierung der Gliederungstiefe von Stücklisten werden Maßnahmen zur Komplexitätsreduktion verdeutlicht. Weiterhin werden Anhaltspunkte zur Veränderung von Arbeitsplänen gegeben. Abschließend wird untersucht, wie sich die veränderten Anforderungen an den Material- und Informationsfluß aus der Sicht der Logistik und aus CIM-Konzeptionen darstellen.

Der anschließende Beitrag verdeutlicht die Position der Gewerkschaften zu neuen Technikkonzepten. Besondere Bedeutung kommt demnach der Akzeptanz des Produktionswissens der Mitarbeiter zu. Erst eine sinnvolle Verbindung von Produktivitätsstreben, ökologischen Zielen und humanitären Arbeitsbedingungen führt zum Erfolg neuer Produktionskonzepte. Am Beispiel des schwedischen LOM – Konzeptes (Leistung, Organisation, Mitbestimmung) werden Schritte aufgezeigt, um zu einem ökologisch und sozial geprägten Produktivitätskonzept zu gelangen. Dabei muß aus der Sicht der Gewerkschaften der Mensch und nicht die Technik in den Mittelpunkt der Betrachtung rücken.

Die beiden folgenden Beiträge berichten über praktische Erfahrungen bei der Umsetzung des Konzepts Flexibler Fertigungssysteme. Zunächst wird aus der Sicht eines Einzelfertigers der Einsatz eines Fertigungsinselkonzepts bei der Produktion von Kreiselpumpen dargestellt. Der Autor schildert, ausgehend von einer Unternehmens- und Wettbewerbsanalyse, Erfahrungen bei der Durchführung eines Pilotprojektes sowie der Komplettumstellung der Fertigung. Es wird herausgearbeitet, daß nur ein ganzheitliches Konzept unter Einbeziehung der Mitarbeiter und des Betriebsrates zu einer sinnvollen Lösung führen kann.

Der letzte Beitrag beschreibt die Erfahrungen in der Automobilfertigung mit FFS. Enge Märkte zwingen die Automobilhersteller dazu, verstärkt in Marktnischen anzubieten. Dafür müssen sie in der Lage sein, Produktinnovationen in Entwicklung und Produktion schnell zu realisieren (Zeitwettbewerb). Ausgehend von der zunehmenden Variantenzahl, dem sinkenden Volumen je Variante und den daraufhin steigenden Stückkosten, beschreibt der nächste Beitrag, wie durch den Einsatz von FFS im Zeitwettbewerb strategische Konkurrenzvorteile zu erringen sind. Inbesondere für die Teile- und die Werkzeugproduktion mit geringem Volumen eignen sich FFS aufgrund ihres Flexibilitätspotentials. Der Beitrag geht daher speziell auf den Motoren- und den Werkzeugbau und die dabei gewonnenen Erfahrungen (z.B. Optimierung des Prozesses, simultane Erprobung von Produkt und Prozeß mit Rückkopplungen zur Konstruktion, Abfangen von Nachfragespitzen usw.) ein. Für den Praktiker werden hilfreiche Hinweise für Implementierungsstrategien (Auslegung von FFS als offene, adaptionsfähige Systeme, Produkt-Belegungsstrategien, Verkettung von Arbeitsstationen, Mitarbeiterschulung, Nutzungsgrad der Systeme als Funktion des Ausbildungsstandes der Mitarbeiter) gegeben. Abschließend geht der Beitrag auf das Spannungsverhältnis von Automation durch FFS und der Forderung nach Lean Production ein. Schlanke Produktion und FFS werden nicht als Gegensätze gesehen, vielmehr werden FFS als ein Weg zur schlanken Produktion interpretiert.
Im SzU-Kurzlexikon werden in gewohnter Art und Weise zentrale Begriffe im Umfeld Flexibler Fertigungssysteme erklärt.

DIETRICH ADAM

Flexible Fertigungssysteme (FFS) im Spannungsfeld zwischen Rationalisierung, Flexibilisierung und veränderten Fertigungsstrukturen

Von Prof. Dr. Dietrich Adam, Münster

Inhaltsübersicht

1. Einflußgrößen für den Einsatz Flexibler Fertigungssysteme
   - 1.1 Flexibilität als strategischer Erfolgsfaktor
   - 1.2 Überblick über die Haupteinflußgrößen
   - 1.3 Steigender Flexibilitätsbedarf durch Umfeldveränderungen
   - 1.4 Rationalisierung durch FFS
   - 1.5 Wandel der Organisationsstruktur der Fertigung durch FFS
2. Dimensionen der Produktionsflexibilität
   - 2.1 Generelle Dimensionen der Flexibilität
   - 2.2 Dimensionen der Bestandsflexibilität
3. Typen Flexibler Fertigungssysteme
   - 3.1 Automation von Fertigungshaupt- und – hilfsfunktionen als Voraussetzung für FFS
   - 3.2 Kriterien zur Differenzierung von FFS
4. Betriebswirtschaftliche Auswirkungen Flexibler Fertigungssysteme
   - 4.1 Einfluß auf die Art betrieblicher Planungsprobleme
   - 4.2 Kostenstruktur und Kalkulation
   - 4.3 Rückwirkungen auf die Qualitätspolitik
   - 4.4 Veränderte Anforderungen an die Mitarbeiter

Literaturverzeichnis

1. Einflußgrößen für den Einsatz Flexibler Fertigungssysteme

1.1 Flexibilität als strategischer Erfolgsfaktor

In Zeiten großer Dynamik, Instabilität und Unsicherheit im Unternehmensumfeld (Beschaffungs- und Absatzmarkt, rechtliche Rahmenbedingungen usw.) kommt ausreichenden Flexibilitätspotentialen in der Produktion ausschlaggebende Bedeutung für die langfristige Unternehmenssicherung und die Risikovorsorge, aber auch für die Nutzung sich bietender Marktchancen zu. Ausreichende Flexibilität wird zum strategischen Erfolgsfaktor. Jede Entscheidung (z.B. über die Anschaffung von Maschinen, über Produktentwicklungen, über Strukturorganisationen, über Absatzkanäle) engt die Handlungsspielräume und damit die Anpassungsfähigkeit eines Unternehmens an künftige Umfeldveränderungen ein, da das Unternehmen an seine Entscheidungen zumindest zeitweilig gebunden ist und eine Revision der Entscheidungen zu zusätzlichen Kosten führt. Bei der Planung von Flexibilitätspotentialen kommt es darauf an, die Anpassungsfähigkeit der Unternehmen an Wandlungen im Umfeld möglichst nur geringfügig einzuschränken, damit eine schnelle und kostengünstige Anpassung an sich verändernde Bedingungen erreicht werden kann.

Flexibilität ist kein Selbstzweck; vielmehr ist die Schaffung von Flexibilitätspotentialen nur dann ökonomisch sinnvoll, wenn eine verbesserte Anpassungsfähigkeit eines offenen, dynamischen Systems längerfristig zur Verbesserung der Überlebensfähigkeit und Zielerreichung eines Unternehmens beiträgt. Das Ausmaß der Flexibilität ist daher auf die erwarteten Veränderungen im Umfeld abzustimmen, und bei der Planung der Flexibilitätspotentiale ist darauf zu achten, daß den erhöhten Kosten für Flexibilität (z.B. Kosten für Reservemaschinen gegen Betriebsstörungen) ein entsprechender Nutzen (Gewinne durch die Nutzung von Marktchancen, geringere Kosten für Umrüstung) gegenüberstehen.[1]

Bei der Planung von Flexibilitätspotentialen handelt es sich grundsätzlich um ein bewertungsdefektes Entscheidungsproblem.[2] Die Kosten verbesserter Flexibilität sind meistens mit hinreichender Sicherheit zu quantifizieren; der in der Zukunft liegende, unsichere Nutzen entzieht sich jedoch weitgehend einer sicheren Bestimmung. Bei der Abstimmung der Flexibilitätspotentiale auf die Flexibilitätsanforderungen des Umfeldes treten deshalb immer Probleme auf, die sich nur durch plausible Annahmen über das Ausmaß zu erwartender Umfeldänderungen und durch Hypothesen über den ökonomischen Wert der Flexibilität überwinden lassen. Eine Planung der Flexibilitätspotentiale kann daher lediglich heuristisch, nicht aber im Sinne einer strengen Optimierung durchgeführt werden.

1.2 Überblick über die Haupteinflußgrößen

Der Einsatz flexibler Fertigungssysteme (FFS) ist nicht allein durch die Forderung nach größerer Flexibilität der Fertigung zu begründen; vielmehr spielen zwei weitere Faktoren eine Rolle:

- Rationalisierungsbestrebungen zur Senkung des Lohnkostenanteils an den Gesamtkosten.
- Bemühungen um eine schlanke Produktionsstruktur (lean production) mit dem Ziel reduzierter Entwicklungs- und Produktionszeiten (Reintegration der Arbeit), verbesserter Arbeitsbedingungen durch Abbau starrer Fertigungsprinzipien (Durchlauffreizügigkeit, Abbau des Zeitzwangs in der Fertigung, Teamarbeit) und erhöhter Kreativität sowie Motivation der Mitarbeiter durch Entlastung von Routinetätigkeiten und Übertragung von Verantwortung auf die Arbeitskräfte in der Fertigung bei gleichzeitig erhöhtem Qualitätsbewußtsein.

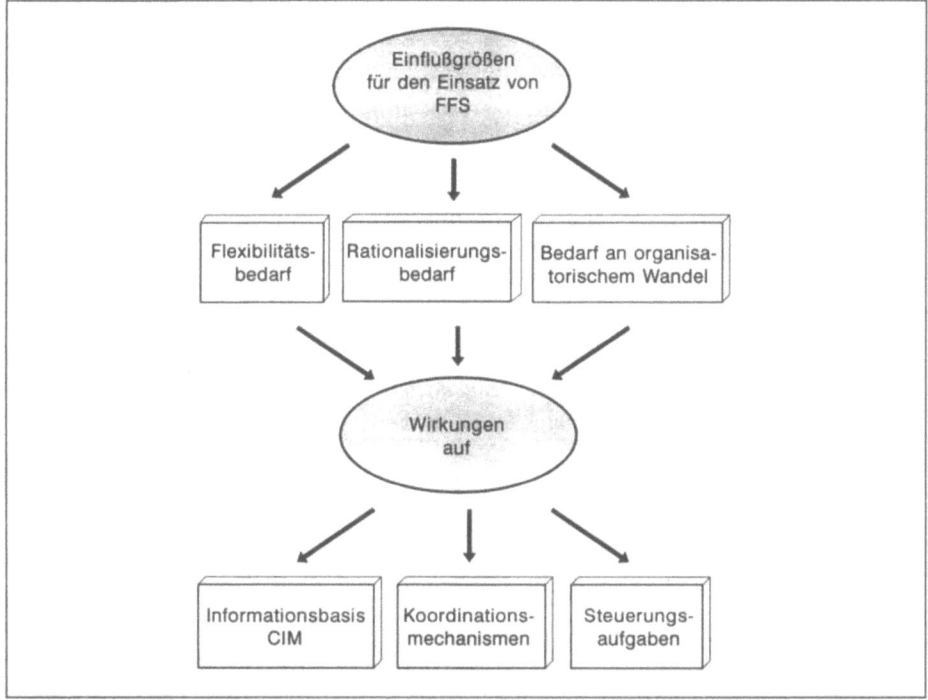

Abbildung 1: Einflußgrößen und Wirkungen Flexibler Fertigungssysteme

Welcher dieser drei Faktoren dominierend ist, hängt entscheidend davon ab, ob FFS in der Werkstattfertigung für die Varianten- und Kleinserienfertigung oder in der Großserienfertigung zur Ablösung der klassischen Massen- und Fließfertigung eingesetzt werden.

Bei Werkstattfertigung, die in der Regel bereits ausreichende Flexibilitätspotentiale aufweist, sollen durch FFS in erster Linie Rationalisierungspotentiale freigesetzt werden (Abbau von Diskontinuitäten im Materialfluß als Folge häufiger Umrüstungen auf kleine Lose, Reduzierung unproduktiver ablaufbedingter Stillstandszeiten von Maschinen und Personal). Zudem werden eine übersichtlichere und damit kostengünstigere Produktionsstruktur und eine verbesserte Steuerung des Material- und Werkzeugflusses bei sinkenden Durchlaufzeiten und möglichst weiter verbesserter Flexibilität der Kapazitäten (geringere Rüstzeiten, Universalität der Anlagen für unterschiedliche Bearbeitungsfunktionen und Produkte) angestrebt.

Bei der Fließfertigung kommt es hingegen in erster Linie auf verbesserte Flexibilität durch universelle Nutzungsmöglichkeiten der Kapazitäten im Vergleich zu einem traditionellen Maschinenkonzept an. Weiterhin sollen Organisationsformen der Fertigung geschaffen werden, die weniger starr im Ablauf sind und den Arbeitskräften verbesserte, verantwortungsvolle Arbeitsbedingungen bieten. Beispielsweise kann dies durch die Abschaffung von Zeitzwang, durch eine variable Abfolge der Fertigungsschritte eines Teils, durch eine variable Zuordnung von Fertigungsaufgaben zu speziellen Maschinen und durch Durchlauffreizügigkeit erreicht werden.

Durch FFS, mit einer schnellen Fertigungsabfolge unterschiedlicher Produkte oder Varianten auf einer Produktionsanlage oder gar gleichzeitiger Fertigung unterschiedlicher Produkte, steigt der Informations- und Koordinationsbedarf in der Produktion, und die Aufgaben der Fertigungssteuerung verändern sich. Eine generelle Koordination des Materialflusses durch Austaktung, wie bei der Fließfertigung, ist bei FFS kaum mehr möglich. Vielmehr muß laufend steuernd in den Fertigungsprozeß eingegriffen werden, um einen möglichst glatten Fertigungsablauf zu erreichen. Das ist nur mit einer verbesserten Informationsbasis über den aktuellen Stand der Fertigung (BDE-Systeme) möglich. Eine Integration der Informationsbasis des Unternehmens (CIM) und der Übergang zu verbesserten Konzepten zur Koordination der Produktionsmengen, -zeiten und -qualitäten (Produktionssteuerung und Qualitätsmanagement) ist die Voraussetzung, um die Flexibilitätspotentiale der Fertigungstechnik optimal ausschöpfen zu können. Die Integration der Informationsbasis schafft die Möglichkeit, den Zeitraum zwischen dem geäußerten Kundenbedürfnis und dessen Befriedigung zu verkürzen. Der Einsatz von FFS muß daher immer mit einer Verbesserung des betrieblichen Informationswesens und der Datenverarbeitung einhergehen.

FFS haben zudem eine Veränderung der Aufgaben der Produktionssteuerung zur Folge. Die Kapazitäten bestimmter Fertigungsfunktionen sind z.B. nicht mehr starr gegeben, sondern lassen sich flexibel an die Bedarfssituation anpassen. Zudem kann die Abfolge der für ein Produkt erforderlichen Fertigungsaktivitäten in Grenzen frei verändert werden (Durchlauffreizügigkeit). Die Abfolge ist dann durch die Steuerung nach der Belastungssituation des Systems ständig erneut zu justieren.

1.3 Steigender Flexibilitätsbedarf durch Umfeldveränderungen

Für Flexibilitätsüberlegungen relevante Umfeldveränderungen ergeben sich aus:

- Veränderungen auf den Absatzmärkten
- unberechenbaren Rahmenbedingungen, z.B.:
  - – Reaktionen der Öffentlichkeit als Folge eines Wertewandels (z.B. bei ökologischen Fragestellungen)
  - – Wandel der rechtlichen Rahmenbedingungen (Arbeitszeiten, Umweltschutzrecht)
  - – gesamtwirtschaftlichen Rahmenbedingungen (Wechselkurse)

In den letzten 20 Jahren hat sich ein Wandel von ungesättigten Verkäufer- zu gesättigten Käufermärkten vollzogen. In gesättigten Märkten kann das Überleben eines Unternehmens nur durch verstärkte Kundenorientierung gesichert werden. Dazu muß ein Unternehmen sein Leistungsprogramm auf die stark differenzierten Kundenwünsche ausrichten, was zu einer Vergrößerung der Zahl der Produkte und Varianten sowie zu erhöhten Qualitätsanforderungen führt. Zusätzlich hat ein Unternehmen bei gesättigten Märkten nur dann Erfolg, wenn es die Kundenwünsche schnell erfüllen kann. Kurze Durchlaufzeiten in der Produktion und kurze Entwicklungszeiten für Produktvarianten sind die Basis für eine schnelle Reaktion auf Kundenwünsche.

Gesättigte Märkte mit starkem Konkurrenzdruck sind durch aggressive und unberechenbare Maßnahmen der Wettbewerber, kurze Produktlebenszyklen mit schneller Diffusion der Produkte am Markt als Folge eines schnellen Wechsels von Bedürfnissen sowie eine schlechte Prognostizierbarkeit der Nachfrage und Marktentwicklung gekennzeichnet.[3] Damit nimmt die Unsicherheit über künftige Marktentwicklungen zu und verlangt im Vergleich zu Verkäufermärkten von den Unternehmen erhöhte Flexibilität. Unternehmen müssen in der

Lage sein, viele Produkte und Varianten mit kurzen Durchlaufzeiten zu produzieren. Mit dem Wandel zum Käufermarkt geht damit eine Schwerpunktverlagerung bei den Produktionszielen einher. Während früher eine hohe Kapazitätsauslastung eng mit hohem Gewinn korrelierte, sind heute eine konkurrenzüberlegene Qualität der Leistungen, kurze Lieferzeiten und Termintreue strategische Vorteile, um sich von der Konkurrenz abzuheben. Für die Rentabilität der Unternehmen ist zudem der Umfang an erforderlichem Kapital bzw. die Kapitalumschlaghäufigkeit wesentlich. Die Verschiebung der Ziele geht deshalb mit dem Bestreben einher, die Kapitalbindung im Umlaufvermögen durch Abbau von Rohstoff-, Zwischen- und Endlägern zu reduzieren. Bestandssteuerung mit geringen Materialreichweiten und möglichst gut aufeinander abgestimmte Produktionsend- und Liefertermine werden damit zu einer weiteren zentralen Forderung für die Produktion.[4]

Die veränderten Marktbedingungen mit der Folge steigender Variantenzahl und sinkender innerbetrieblicher Auftragsgrößen bei gleichzeitig steigender Umstellungshäufigkeit der Produktion auf andere Erzeugnisse erfordern eine größere **Flexibilität** in der Fertigung. Bei einem traditionellen Produktionssystem mit einem hohen Grad an Arbeitsteilung und einem wenig flexiblen Maschinenkonzept treten z.B. bei den Durchlaufzeiten und dem Produktwechsel Probleme auf, da die Flexibilitätsforderungen des Marktes nicht mit den Flexibilitätspotentialen der Produktion im Einklang stehen. Ein traditionelles, wenig flexibles Maschinenkonzept läßt wegen hoher Umrüstungskosten und -zeiten eine kostengünstige Fertigung häufig nur zu, wenn möglichst wenige Produktarten in großen innerbetrieblichen Losen hergestellt werden. Eine Just-in-time-Produktion mit vielen Produktvarianten ist vielfach technisch oder aus Kostengründen nicht realisierbar.

Die in Käufermärkten ohnehin schon bestehenden Unsicherheiten über die Markt- und Nachfrageentwicklungen werden durch zunehmend unberechenbarer werdende Rahmenbedingungen (unvorhersehbare Reaktionen der Öffentlichkeit als Folge eines Wertewandels z.B. bei ökologischen Fragestellungen), einen Wandel der rechtlichen Rahmenbedingungen (Arbeitszeiten, Umweltschutzrecht) sowie der gesamtwirtschaftlichen Rahmenbedingungen (Wachstumsraten, Inflation, Wechselkurse) noch verstärkt. Ist die Zukunft kaum mehr kalkulierbar, scheuen Unternehmen vor Investitionen zurück, um ihre Anpassungsfähigkeit an künftige, unerwartete Entwicklungen nicht zu beeinträchtigen. Sie warten lieber ab, ob eine Beruhigung der Dynamik eintritt, ehe sie unkalkulierbare Risiken eingehen, und legen die Investitionsmittel in Finanzanlagen an, weil damit maximale Flexibilität erreicht ist. Die gegenwärtige Wirtschaftssituation in Deutschland mit hohen Beständen liquider Mittel in den Bilanzen kann als Indiz gewertet werden, daß eine derartige Situation bereits erreicht ist. Zu hohe Dynamik und Unsicherheit können damit zur Bremse einer Wirtschaftsentwicklung werden. Auf jeden Fall ist bei zunehmender Unsicherheit der Rahmenbedingungen eine erhöhte Flexibilität des Produktionsapparates erforderlich.

Von einer hohen Dynamik des Umfeldes gehen zwei Tendenzen auf die Weiterentwicklung des Produktionsapparates aus:

- Durch den technischen Fortschritt – z.B. die NC-Technik – werden einerseits die Voraussetzungen verbesserter Produktionsflexibilitäten gelegt. Flexible Produktionsanlagen bieten eine verbesserte Anpassungsfähigkeit an Marktveränderungen. Hierbei handelt es sich um einen statischen Flexibilitätsbegriff, der die Fähigkeit einer vorhandenen Technik, sich an unterschiedliche Veränderungen des Marktes anpassen zu können, beinhaltet (Bestandsflexibilität).[5]
- Eine hohe Dynamik führt jedoch dazu, daß eine technische Entwicklung sehr schnell obsolet sein kann und durch eine andere Technik abgelöst wird. Hohe Unsicherheiten z.B. im Umweltrecht oder schnelle Entwicklungssprünge in der Produktionstechnik führen bei nicht im Zeitablauf anpassungsfähigen Produktionsverfahren zur Tendenz, an alten Produktionsverfahren auch dann festzuhalten, wenn sie eigentlich schon unwirtschaftlich sind, in der Hoffnung, mit späteren Neuinvestitionen eine Entwicklungsstufe überspringen zu können. Bei zu erwartenden starken Veränderungen im Umweltsektor oder in der Fertigungstechnologie benötigt ein Unternehmen dann hohe dynamische Flexibilität, um durch eine Nachrüstung einer bestehenden Technologie die Flexibilitätspotentiale der Produktion zu vergrößern (Entwicklungsflexibilität).[6] Entwicklungsflexibilität der vorhandenen Technik kann nur erreicht werden, wenn beim Entwurf einer Produktionstechnologie bereits Flexibilitätsüberlegungen für künftige Anpassungsnotwendigkeiten der Verfahren berücksichtigt werden. Produktionstechnologien müssen dann so konzipiert werden, daß die Anlagen bei technischem Fortschritt nachgerüstet werden können und es nicht zu einem völligen, teuren Ersatz einer Technologie durch eine andere kommt.

1.4 Rationalisierung durch FFS

Insbesondere bei Werkstattfertigung mit einer arbeitsintensiven Fertigung und einem hohen Anteil von Fertigungslöhnen an den Kosten zwingt die Lohnpolitik der Gewerkschaften die Unternehmen dazu, bei der Einsatzrelation der Produktionsfaktoren Arbeit und Kapital auf eine erhöhte Flexibilität zu achten, um erforderliche Substitutionsprozesse in der Produktionstechnik schnell realisieren zu können, wenn sich die Preise der unterschiedlichen Produktionsfaktoren nicht mit gleichen Veränderungsraten im Zeitablauf entwickeln. Mit Lohnstückkosten[7] von 40,48 DM im Jahre 1991[8] hat die deutsche Industrie international die Spitzenposition erreicht. Von dieser Lohnentwicklung gehen auf den Einsatz von FFS drei Wirkungen aus:

- Hohe Lohnstückkosten sind der Motor zur Substitution von Arbeit durch Kapital. Durch hohe Lohnstückkosten wird der Übergang zu flexiblen Fertigungssystemen mit hohen Investitionssummen und verbesserter Arbeitsproduktivität begünstigt. Bei derartigen Produktionssystemen steigt der Bedarf an hoch qualifizierten Arbeitskräften, während der ungelernter oder angelernter Kräfte eher rückläufig ist.
- Um die Substitutionsflexibilität der Produktionsfaktoren auch für die künftige Weiterentwicklung der vorhandenen Maschinenbestände zu wahren, werden Unternehmen Produktionsverfahren bevorzugen, die keine starren Einsatzmengen von Arbeitskräften für die Produktion erzwingen, so daß bei fortgesetzten disproportionalen Faktorpreisentwicklungen weitere Substitutionen von Arbeit gegen Kapital durch Nach- oder Umrüstung vorhandener Produktionsverfahren möglich sind (z.B. Ersatz von ungelernten Arbeitskräften für die Positionierung von Werkstücken in FFS, sobald die Sensorik der Roboter verbessert ist).
- Von hohen und noch steigenden Lohnkosten geht eine Tendenz zu einer weiteren Reduzierung der Fertigungstiefe der Unternehmen aus. Unternehmen werden die Teilefertigung dann in andere Länder oder Branchen mit geringeren Stücklöhnen verlagern. Diese Verlagerung kann zugleich als Bestandteil eines Risikomanagements angesehen werden, da fixe Kosten bei Eigenfertigung durch variable Kosten bei Fremdbezug substituiert werden. Damit steigt die Flexibilität der Unternehmen gegenüber Beschäftigungsschwankungen, d.h., die Unternehmen werden unempfindlicher gegen Schwankungen der Nachfragemengen.

Bei Werkstattfertigung lassen sich mit FFS Produktivitätsverbesserungen durch folgende Effekte erreichen:

- Geringere reine Fertigungszeiten bei einer automatisierten Fertigung.
- Abbau von Rüstzeiten und -kosten für einen Produktwechsel.
- Abbau unproduktiver, ablaufbedingter Stillstandszeiten von Maschinen und Arbeitskräften, die bei einer diskontinuierlichen Fertigung nach dem Werkstattprinzip (Dilemma der Ablaufplanung)[9] meist unvermeidbar sind.
- Verkürzung der Durchlaufzeiten durch Reduzierung der Zahl der Produktionsstufen (Integration von Arbeitsgängen in einem FFS). Sinkt die Zahl erforderlicher Materialübergänge in der Fertigung, wird auch die Anzahl der Zwischenläger verringert. Eine verbesserte Steuerung bei einem kontinuier-

licheren Materialfluß trägt zusätzlich zu einem Abbau ablaufbedingter Zwischenlagerzeiten der Erzeugnisse bei, so daß die Kapitalbindung im Umlaufvermögen durch sinkende Werkstattbestände reduziert werden kann.

Bei einer Fließfertigung können Rationalisierungeffekte auf eine Automatisierung des Werkzeugflusses und einen automatisierten Fluß der Fertigungsabfälle sowie eine automatisierte Sammlung von Reststoffen für ein sortenreines Recycling zurückgehen. Die verbesserte Flexibilität im Vergleich zu einer starren Fließfertigung führt jedoch zu einem negativen Einfluß auf die Arbeitsproduktivität (ablauf- und umrüstungsbedingte Stillstandszeiten).

1.5 Wandel der Organisationsstruktur der Fertigung durch FFS

FFS können zur Veränderung der Organisationsstrukturen der Fertigung beitragen.

- FFS fördern durch die Zusammenfassung von Arbeitsgängen in einem Bearbeitungszentrum die Reintegration der Fertigung. Der Einsatz von FFS führt somit zu sinkenden Durchlaufzeiten und verringerten Streuungen der Durchlaufzeit:
  - – Ein hohes Ausmaß an Spezialisierung und Arbeitsteilung führt bei Werkstattfertigung im Verbund mit steigender Produkt- bzw. Variantenzahl zunehmend zu zeitlichen Abstimmungsproblemen in der Produktion. Durch die wachsende Spezialisierung (Taylorismus) konnte zwar die Effektivität der Arbeit erhöht und damit die reine Bearbeitungszeit von Aufträgen reduziert werden; aber die Zahl der Produktionsstufen und die Übergangszeiten zwischen benachbarten Stufen wuchsen, so daß die gesamte Übergangszeit (Zwischenlagerzeit) der Aufträge überproportional zunahm. Bei einer variantenreichen Fertigung in der Form der Werkstattfertigung erreichen die Übergangszeiten heute 80 bis 90 % der Durchlaufzeit. Der Vorteil sinkender Bearbeitungszeiten wird damit bei Werkstattfertigung durch den damit einhergehenden Nachteil steigender Übergangszeiten mehr als kompensiert. Der Ruf nach Reintegration der Arbeit, also einem Abbau der Arbeitsteilung, wird u.a. auch laut, um das Ausmaß der Übergangszeiten in den Griff zu bekommen. FFS können durch die Integration von Arbeiten in einem System und den damit verbundenen Wegfall von Übergangszeiten diese Tendenz unterstützen.
  - – Mit der Verschiebung der Anteile reiner Bearbeitungszeit und Übergangszeit an der Durchlaufzeit nahm zudem die Streuung der Durchlaufzeiten stark zu. Bei einem sehr breitgefächerten Produktionsprogramm mit Produkten sehr unterschiedlichen Komplexitätsgrades

(Zahl der Teile, Produktionsstufen, Abfolge der Arbeitsgänge) gibt es einige Aufträge, die das gesamte Produktionssystem sehr schnell durchlaufen, während andere, komplexere Aufträge wesentlich länger benötigen. Als Folge einer wachsenden Streuung der Durchlaufzeiten lassen sich die Durchlaufzeiten spezieller Aufträge sehr schlecht prognostizieren. Einer Produktionssteuerung auf der Basis mittlerer Durchlaufzeiten wird damit die Grundlage weitgehend entzogen, da eine Terminplanung der Aufträge auf der Basis von Mittelwerten nur im Durchschnitt aller Aufträge zur Termineinhaltung führt. Im Durchschnitt eingehaltene Liefertermine sind jedoch für den einzelnen Kunden nicht als problemgerechte Lösung anzusehen.

Durch einen kontinuierlicheren Materialfluß bei FFS und eine verbesserte Fertigungssteuerung können der Mittelwert und die Streuung der Durchlaufzeiten tendenziell reduziert werden. Dadurch sind dann schnellere Reaktionen auf Kundenwünsche und termingenaue Leistungen eher zu erreichen.

– Insbesondere bei Fließfertigung mit starrem Materialfluß und Zeitzwang in der Fertigung (Austaktung) tragen FFS zu flexibleren Organisationprinzipien in der Fertigung bei. Mit FFS verliert die Fertigung weitgehend den Zwangscharakter. Da die unterschiedlichen Erzeugnisse in den einzelnen Fertigungsstationen unterschiedliche Produktionszeiten aufweisen, ist eine Austaktung unmöglich. Sollen aber bei unterschiedlichen Fertigungszeiten der Aufträge je Arbeitsstation Stillstandszeiten der Maschinen weitgehend vermieden werden, muß der Durchfluß der Werkstücke durch das Fertigungssystem flexibilisiert werden. Die Abfolge der Arbeiten an einem Werkstück und die Reihenfolge, in der Aufträge über die verschiedenen Arbeitsstationen laufen, oder die Zuordnung von Werkstücken zu Maschinen liegt nicht mehr generell fest, sondern muß flexibel der jeweiligen Belastungssituation des Systems angepaßt werden.
– Das Organisationsprinzip der Fertigung entfernt sich durch den Einsatz von FFS von einer reinen Verrichtungs- oder Funktionsorientierung und nähert sich mehr einer Gruppenfertigung an. Durch die Zusammenfassung zu Fertigungsgruppen werden zwei Tendenzen gefördert:
  – – Es verstärkt sich der Trend zu einer vernetzten Fertigung mit zeitlich parallel ablaufenden Arbeiten an unterschiedlichen Funktionsgruppen eines Fertigerzeugnisses. Durch die Vernetzung kann die Durchlaufzeit der Aufträge reduziert werden, wenn es gelingt, den Materialfluß an den Knoten- bzw. Montagepunkten terminlich ohne große Lagerbestände zu koordinieren.
  – – Gruppenfertigung fördert eine teamorientierte Fertigung, was sich bei Autonomie einer Fertigungsgruppe positiv auf die Motivation der Mitarbeiter auswirkt. Ein ähnlicher Effekt tritt auch durch die Reintegra-

tion der Arbeit innerhalb der Fertigungsgruppe auf, weil der einzelne eine verbesserte Übersicht über die Produktionszusammenhänge der Gruppe erlangt. Die Abspaltung übersichtlicher Fertigungsgruppen verbessert zudem die Möglichkeiten einer Arbeitsteilung ohne feststehende Zuweisungen von bestimmten Arbeitsinhalten zu bestimmten Personen (autonome Gruppenarbeit).

2. Dimensionen der Produktionsflexibilität

2.1 Generelle Dimensionen der Flexibilität

Flexibilität ist ein mehrdimensionaler Begriff. Es lassen sich zwei Hauptdimensionen unterscheiden:

- **Technische und ökonomische Flexibilität**
  Als **technische Flexibilität** wird die Eigenschaft eines Produktionssystems bezeichnet, die Produktion an Veränderungen der Produktionsmenge, der Qualität oder der Produktarten anpassen zu können, wenn am Markt ein breites, sich im Zeitablauf veränderndes Bedarfsspektrum existiert. Flexibilitätspotentiale beschreiben dann das Ausmaß der Reaktionsmöglichkeiten des Produktionssystems auf die Bedarfsveränderungen.
  Unter **ökonomischer Flexibilität** werden die erforderlichen Veränderungen des Zeit- oder Faktorbedarfs für die technische Anpassung und die darauf zurückgehenden Zielwirkungen (Kosten-, Gewinnänderung) verstanden. Die ökonomische Flexibilität -meistens auch als Elastizität bezeichnet – wird als relative Kostenveränderung gemessen (prozentuale Veränderung der Stückkosten bei einer bestimmten prozentualen Änderung der Produktionsmenge).[10] Eine hohe Flexibilität ist erreicht, wenn die Kosten nur schwach auf Veränderungen der Menge reagieren.
- **Flexibilität nach dem Bezugsobjekt der Betrachtung**
  Zu unterscheiden sind in diesem Zusammenhang die Bestandsflexibilität und die Entwicklungsflexibilität.
  Im ersten Fall besitzt das Produktionssystem ein gegebenes Flexibilitätspotential und kann sich im Rahmen dieses Potentials an Veränderungen der Absatzmärkte anpassen. Das Potential ist in diesem Falle eine feststehende, nach der Beschaffung des Produktionssystems nicht mehr zu verändernde Größe. Dieser Fall wird als Bestandsflexibilität bezeichnet. Im zweiten Fall ist das Potential des Produktionssystems selbst flexibel, d.h., das Flexibilitätspotential kann nachträglich durch Nachrüstungen noch verändert werden. Z.B. können Produktionssysteme mit rüstzeitsparenden Vorrichtungen

ausgestattet werden und lassen sich dadurch in der möglichen Anpassungsgeschwindigkeit verbessern. Denkbar ist auch der Fall, daß sich nachträglich noch der Bedarf an Arbeitskräften reduzieren läßt, z.B. durch den Ersatz von Arbeitskräften für die Positionierung zu bearbeitender Teile durch eine automatische Teilezufuhr. Der Fall eines noch flexibleren Potentials soll als Entwicklungsflexibilität bezeichnet werden.

2.2 Dimensionen der Bestandsflexibilität

Das aktuelle Flexibilitätspotential eines Produktionssystems kann sich wiederum auf sehr unterschiedliche Dimensionen beziehen. Zu differenzieren ist zwischen:

- **Mengenflexibilität**: Die Leistung des Produktionssystems läßt sich an Bedarfsschwankungen anpassen; das Produktionssystem muß dann nicht mit einer starren Ausbringungsmenge pro Zeiteinheit betrieben werden.
- **Universalität im Einsatz**: Das Produktionssystem kann auf mehrere Bearbeitungsfunktionen (bohren, fräsen usw.) umgestellt werden (Mehrfunktionsautomatik), oder mit einer Bearbeitungsfunktion lassen sich unterschiedliche Produkte fertigen (Universalmaschinen). Bei einer Mehrfunktionsautomatik existieren dann flexible Funktionsgruppenkapazitäten, die sich durch Umstellung der Bearbeitungsfunktion der Maschinen bedarfsorientiert verändern lassen.
- **Anpassungsgeschwindigkeit**: Hiermit wird der Zeitbedarf bezeichnet, mit dem sich Produktionssysteme auf andere Produkte oder Funktionen umstellen lassen. Die Anpassungsgeschwindigkeit kann unterschiedlich gemessen werden. Zum einen wird die reine Umrüstungszeit betrachtet, bis die neue Produktion aufgenommen werden kann. Zum anderen kann, und dieser Sachverhalt ist von größerem Interesse, die erforderliche Zeit bestimmt werden, bis das Produktionssystem nach der Umstellung mit voller Produktivität arbeitet, oder bis ein Zustand erreicht ist, in dem ein einwandfreies Qualitätsniveau der Erzeugnisse wieder erreicht ist. Die Frage der Anpassungsgeschwindigkeit ist insbesondere für die Wahl innerbetrieblicher Auftrags- und Seriengrößen relevant. Bei verbesserter Anpassungsgeschwindigkeit und sinkenden Anpassungskosten (Umrüstungskosten) nehmen die wirtschaftlichen Los- und Seriengrößen ab.

Die Anpassungsgeschwindigkeit von Produktionssystemen hängt entscheidend davon ab, ob die Umstellung automatisiert ist oder ob eine manuelle Umstellung erforderlich ist. Automatisierte Umstellungen erfordern in der Regel geringe Zeiten; die Universalität der Anlagen kann jedoch leiden, da sich nur vorprogrammierte Umstellungen schnell durchführen lassen.

- **Durchlauffreizügigkeit**: Hierunter wird die Fähigkeit verstanden, die Abfolge der Bearbeitungsgänge für ein Erzeugnis zu verändern (variables Routing). Auch wenn sich Maschinen gegenseitig ersetzen können, so daß keine feste Zuordnung von Produkten zu bestimmten Maschinen existiert, wird von Durchlauffreizügigkeit gesprochen. Bei Durchlauffreizügigkeit besteht ein veränderbarer Materialdurchfluß durch das Produktionssystem.
- **Störanfälligkeit**: Die Störanfälligkeit bezeichnet die Fähigkeit eines Systems, auf Produktionsunterbrechungen bei Maschinenausfällen zu reagieren. Bei einem nicht flexiblen System führt eine Störung bei einer Maschine zum Stillstand des ganzen Systems (Fließband). Durch Reservekapazitäten und durch Entkettung von Teilen des Produktionssystems durch Zwischenläger kann eine teilweise Flexibilität des Systems gegen Produktionsstörungen erreicht werden.
- **Substitutionsflexibilität**: Diese Art der Flexibilität beschreibt die Fähigkeit des Systems, mit unterschiedlichen Produktionsfaktoren zu arbeiten. Substitutionsflexibilität ist z.B. gegeben, wenn Einsatzmaterialien gewechselt werden können, ohne die Produktionstechnik verändern zu müssen. Ist für die Substitution eine technische Umstellung der Maschinen erforderlich, kann der nötige technische Aufwand oder die erforderliche Zeit für die Anpassung der Produktionstechnik als Maß für die Entwicklungsflexibilität angesehen werden.

Für FFS sind insbesondere die Universalität, die Anpassungsgeschwindigkeit und die Durchlauffreizügigkeit sowie die Störanfälligkeit relevante Flexibilitätsdimensionen. Diese Flexibilitäten sind insbesondere für die möglichen Reaktionszeiten in der Produktion auf Kundenwünsche relevant; von ihnen hängt es mit ab, ob kurze Durchlaufzeiten und Termintreue (Terminflexibilität) zu erreichen sind. Die Mengenflexibilität spielt nur dann eine Rolle, wenn FFS in der Fließfertigung eingesetzt werden und durch Auflösung des Taktzwangs eine verbesserte Anpassung an Mengenänderungen erreicht werden kann.

3. Typen Flexibler Fertigungssysteme

3.1 Automation von Fertigungshaupt- und -hilfsfunktionen als Voraussetzung für FFS

Ein traditionelles Maschinenkonzept mit Spezialmaschinen – wie es bei Massenfertigung zu finden ist – zeichnet sich durch geringe fertigungstechnische Flexibilität aus. Bei Fließfertigung kann im Extremfall auf einer Anlage nur eine Produktart gefertigt werden. Bei Werkstattfertigung mit Universalmaschinen ist zwar ein Produktwechsel möglich, die Maschinen können aber nur eine Fertigungsfunktion (z.B. Bohren, Fräsen oder Drehen) ausführen;[11] zudem erfordert die Umstellung der Produktionsanlagen auf ein anderes Produkt meist beträchtliche Umrüstungskosten bzw. -zeiten, so daß nur dann wirtschaftlich gearbeitet werden kann, wenn nach einer Produktionsumstellung große innerbetriebliche Aufträge gefertigt werden.

Voraussetzung für die Entwicklung **flexibler Maschinenkonzepte** ist die Automatisierung der gesamten Fertigung. Unter **Automation** wird die Übernahme von Steuerungs- und Kontrollaufgaben durch Maschinen und technische Anlagen verstanden.[12] Für die Entwicklung von FFS war ein technischer Fortschritt (Mikroelektronik, Datenverarbeitung, Fertigungstechnik) erforderlich, der eine Automation folgender Teilprozesse ermöglichte:[13]

- Automatisierung der Fertigungshauptprozesse durch NC, CNC, DNC – Bearbeitungssysteme
- Automatisierung von Hilfsprozessen:
  - – Werkstück- und Werkzeughandhabungssysteme
  - – Transport- und Lagersysteme
  - – Prüf- und Meßsysteme
- Entwicklung einer leistungsfähigen DV-Prozeßsteuerung und -überwachung

Bei der Automation der Fertigungshauptprozesse sind drei Entwicklungsstufen zu unterscheiden:[14]

- Ausgangspunkt der für FFS relevanten Automatisierung der Fertigung war die Entwicklung von NC (Numerical Control)-Maschinen. Bei einer **NC-Steuerung** wird lediglich die auf einer Maschine durchführbare Bearbeitungsfunktion automatisiert. Alle notwendigen geometrischen Daten (*z.B. Abmessungen des Werkstücks*) und technologische Daten (*z.B. Schnittiefe, Drehzahl, Vorschub*) werden in einem NC-Programm verschlüsselt. Diese für jeweils eine Werkstückart gültigen Programme werden über Lochstreifen oder Kassette direkt an der NC-Maschine eingelesen.
- Bei **CNC-Maschinen** (Computerized Numerical Control) kann die Prozeßsteuerung flexibel über einen frei programmierbaren, direkt an der Maschine befindlichen Mikroprozessor erfolgen. Dadurch kann „vor Ort" (Werkstattprogrammierung) und nicht nur wie bei NC-Maschinen bei der Erstellung der Lochstreifen auf den Bearbeitungsablauf der Fertigung Einfluß genommen werden.
- Die höchste Entwicklungsstufe erreicht die NC-Technologie mit den **DNC-Maschinen** (Direct Numerical Control). Eine DNC-Steuerung kommt dann zur Anwendung, wenn mehrere Bearbeitungsmaschinen durch Transport- und Handhabungssysteme verbunden werden (dann liegt bereits ein fle-

xibles Produktionssystem vor). Sie ermöglicht eine direkte Programmierung, Messung, Steuerung und Überwachung des Systemzustandes von einem **zentralen Leitstand** aus.

Bei allen Maschinen der NC-Technologie handelt es sich um Maschinen, bei denen nur eine Bearbeitungsfunktion (z.B. Drehen) automatisiert ist, ein Funktionswechsel ist nicht möglich. Nur die Produktzuordnung ist flexibel. Der Funktions-/Werkstückwechsel ist erst durch eine zusätzliche Automation von Hilfsprozessen zu erreichen.

In flexiblen Produktionssystemen übernehmen automatisierte Hilfsprozesse drei Aufgaben:

- **Handhabungsaufgaben**: Industrieroboter werden zur **Werkstückhandhabung** (*z.B. Pressenbeschickung, Versorgung von Drehmaschinen mit Werkstücken*) und zur **Werkzeughandhabung** (*z.B. Punktschweißer, Oberflächenbehandler*) eingesetzt.[15]
- **Transportaufgaben**: Ein flexibles Materialflußsystem mit nicht vorgegebener Bearbeitungsreihenfolge erfordert einen vollautomatisierten Transport der Werkstücke zwischen den einzelnen Bearbeitungsmaschinen und Lägern und ggf. auch einen automatisierten Transport von bereitzustellenden Werkzeugen sowie einen automatisierten Transport von Fertigungsabfällen bzw. Reststoffen.
- **Lagerungsaufgaben** für Werkstücke- und Werkzeuge: Automatisierte Lagersysteme dienen dazu, Werkstücke oder Werkzeuge vor, zwischen und nach Beendigung von Bearbeitungsprozessen aufzunehmen. Durch die Erweiterung einer DNC-Maschine um automatisierte Werkzeugmagazine entstehen Bearbeitungszentren, die durch den automatisierten Werkzeugwechsel eine schnelle Umrüstung der Bearbeitungsmaschinen auf andere Bearbeitungsfunktionen und andere Produkte ermöglichen. Das Ausmaß an universellem Einsatz wird durch die Größe der Magazine (Werkzeugslots) und die aktuelle Bestückung der Magazine (Magazinierungsplanung) definiert. Innerhalb eines Magazins ist ein wahlfreier Zugriff auf unterschiedliche Werkzeuge bei vernachlässigbaren Rüstzeiten möglich. Erst bei einem Magazinwechsel treten z.T. erhebliche Rüstzeiten auf.

Durch eine zentrale DV-Einheit muß das gesamte System überwacht und gesteuert, d.h., die einzelnen Komponenten des Fertigungssystems müssen zeitlich und mengenmäßig koordiniert werden, um einen kontinuierlichen, störungsfreien Materialfluß und damit eine kontinuierliche Versorgung der Bearbeitungsmaschinen zu erreichen. Erst eine zentrale Steuerung ermöglicht eine zustandsabhängige Steuerung des Gesamtsystems.

FFS entstehen durch Kombination der drei Elemente:

- automatisierte Hauptprozesse
- automatisierte Hilfsprozesse
- DV-Prozeßsteuerung und -überwachung

Durch die Kombination der drei Elemente zu einem FFS sind sowohl der Wechsel der Bearbeitungsfunktion als auch der Wechsel der Produktzuordnung flexibel automatisiert. Unter einem Flexiblen Fertigungssystem[16] versteht man daher eine Anzahl computergesteuerter Werkzeugmaschinen, die durch ein automatisches Transport- und Lagersystem miteinander verbunden sind und deren Ablauf durch einen zentralen Computer gesteuert wird.

3.2 Kriterien zur Differenzierung von FFS

FFS lassen sich nach verschiedenen Kriterien unterscheiden. Ein erstes Kriterium ist der Integrationsgrad der Systeme. Nach dem Integrationsgrad[17] (zunehmende Anzahl der in einem System zusammengefaßten Bearbeitungsmaschinen und damit zunehmende Fertigungstiefe der Systeme) ist zwischen unterschiedlichen Komplexitätsgraden von Systemen zu differenzieren:

- Werden einzelne NC- oder CNC-Bearbeitungsmaschinen mit automatischen Systemen zum Werkzeug- oder Werkstückwechsel ausgerüstet, entsteht ein **"Bearbeitungszentrum"**.[18] Ein Bearbeitungszentrum weist noch einen relativ geringen Grad der Integration auf. Dennoch ist bereits eine Komplettbearbeitung unterschiedlicher Werkstücke in mehreren Bearbeitungsstufen möglich. Bearbeitungszentren haben im Vergleich zu höheren Integrationsformen eine hohe Produkt- und Funktionsflexibilität. Sie eignen sich insbesondere für die Werkstattfertigung bei Kleinserien- und Einzelfertigung mit hoher Produktvielfalt und geringen Jahresbedarfsmengen einzelner Erzeugnisse.
- Werden mehrere Bearbeitungszentren über ein automatisiertes Transportsystem und eine zentrale Prozeßsteuerung miteinander verknüpft, entsteht ein Flexibles Fertigungssystem (FFS). Für derartige Systeme existieren wiederum unterschiedliche Integrationsgrade:
    - – Bei Fertigungszellen werden einige Bearbeitungszentren zusammengebunden. Fertigungszellen haben im Vergleich zu höheren Integrationsformen noch eine geringe Fertigungstiefe.
    - – Bei flexiblen Fertigungslinien oder Transferstraßen findet hingegen eine weitgehende Komplettfertigung von Produkten statt, z. B. Komplettmontage eines Autos.
    Mit zunehmendem Integrationsgrad sinkt das Ausmaß realisierter Flexibilität. Hochintegrierte Systeme werden dann eingesetzt, wenn ähnli-

che Produkte in relativ großen Stückzahlen zu produzieren sind und folglich nur ein reduzierter Grad an Produkt- oder Funktionsflexibilität erforderlich ist.

Nach der Variabilität im Fertigungsablauf (Durchlauffreiheit) und der Stufigkeit der Produktion (einstufige, mehrstufige Bearbeitung) lassen sich vier Typen von FFS unterscheiden:[19]

- FFS mit universell einsetzbaren Bearbeitungsstationen mit mehreren funktionsgleichen Zentren, die sich gegenseitig ersetzen können. Die Werkstücke werden jeweils durch eine Fertigungszelle komplett bearbeitet (einstufige Fertigung). Die Zuordnung der Produkte zu den Zentren ist jedoch flexibilisiert. Diese Form findet insbesondere für eine Fertigung ausgelagerter Teile in der Werkstattfertigung Anwendung.
- FFS mit mehreren sich ergänzenden, nacheinander geschalteten Bearbeitungsmaschinen (mehrstufige Fertigung) ohne Durchlauffreiheit. Die Werkstücke durchlaufen das System immer in der gleichen Reihenfolge. Diese Form ist z.B. bei der Komplettmontage von Erzeugnissen anzutreffen.
- FFS mit mehreren sich ergänzenden Bearbeitungsmaschinen (mehrstufige Fertigung) mit Durchlauffreiheit. Die Erzeugnisse können das System in verschiedenen Abfolgen durchlaufen. Diese Form ist anzutreffen, wenn auf einem System eine breitere Produktpalette gefertigt werden soll (z.B. Montage der Türen unterschiedlicher Autotypen).
- FFS mit sich ersetzenden und ergänzenden Maschinen. Die Erzeugnisse können sowohl auf nur einer als auch auf mehreren Bearbeitungsstufen (Wahl zwischen ein- und mehrstufiger Fertigung) produziert werden. Dieser Typ bietet maximale Flexibilität bei den Kapazitäten und der Zuordnung von Funktionen und Produkten zu Maschinen.

Die vier Formen von FFS unterscheiden sich insbesondere durch die erreichbare Produktivität, die Universalität im Einsatz und die Verbesserung der Arbeitsbedingungen.

- FFS des ersten Typs weisen große Flexibilität auf, da sich die Maschinen gegenseitig ersetzen können und die Produktion ohne Zeitzwang erfolgt. Diese Systeme haben jedoch eine vergleichsweise geringe Produktivität, die aber dennoch erheblich über der Produktivität einer nichtautomatisierten Fertigung liegt. Die geringe Produktivität ist die Folge der Universalität, die dazu führt, daß von den installierten Bearbeitungsfunktionen gleichzeitig immer nur eine genutzt wird.
- Die Verkettung der sich ergänzenden Bearbeitungsmaschinen zu einer Fertigungslinie verbessert die Produktivität, da an jeder Maschine nur wenige Bearbeitungsfunktionen installiert werden müssen und jede Bearbeitungsstation gleichzeitig nur eine Bearbeitungsfunktion ausübt. Die Produkti-

vitätsverbesserung geht aber mit Einschränkungen der Flexibilität einher. Es lassen sich nur wenige artverwandte Produkte auf einer Anlage herstellen. Der standardisierte Materialfluß hat ungünstige Konsequenzen für die Arbeitsbedingungen. Insbesondere manuelle Arbeiten, wie die Zufuhr von Teilen, stehen noch unter Zeitzwang. Als Folge der Verkettung sind diese Systeme störanfällig, weil bei Ausfall einer Bearbeitungsstation die ganze Linie ausfällt.

- Bei verketteten Systemen mit Durchlauffreiheit kann die angestrebte Automatisierung nur mit hohem Aufwand erreicht werden. Die Universalität der Systeme nimmt zu, da unterschiedliche Produkte mit unterschiedlicher Fertigungsabfolge produziert werden können. Gegenüber verketteten Systemen mit starrem Materialfluß ist die Produktivität des Gesamtsystems jedoch geringer, da an einzelnen Bearbeitungsstationen ablaufbedingte Stillstandszeiten der Maschinen auftreten können. Die Universalität bringt jedoch bei den Arbeitsbedingungen vergleichsweise geringere Nachteile.

- Systeme mit sich ergänzenden und ersetzenden Maschinen mit Durchlauffreiheit stellen einen Kompromiß zwischen den Forderungen nach Produktivität und Flexibilität dar. Derartige Systeme erfordern jedoch den vergleichsweise größten Aufwand für die Automatisierung und die Systemsteuerung. Das Steuerungssystem muß stets über den aktuellen Belegungszustand des Produktionssystems informiert sein, um zwischen alternativen Zuordnungsmöglichkeiten von Funktionen und Produkten wählen zu können. Durch das Prinzip sich ersetzender und ergänzender Maschinen ist die Flexibilität der Kapazitäten sehr hoch. Durch Ausnutzung dieser Flexibilität kann die Auslastung und damit die Produktivität der einzelnen Bearbeitungsmaschinen positiv beeinflußt werden. Ein Zeitzwang existiert nicht, da die Bearbeitungszeiten der Produkte auf den einzelnen Bearbeitungsmaschinen nicht aufeinander abgestimmt sind. Die Universalität der Maschinen führt jedoch zu ablaufbedingten Stillstandszeiten, so daß ein negativer Einfluß auf die Produktivität existiert.

4. Betriebswirtschaftliche Auswirkungen Flexibler Fertigungssysteme

4.1 Einfluß auf die Art betrieblicher Planungsprobleme

Die Bestückung des Werkzeugmagazins der einzelnen Maschinen definiert die aktuelle Bandbreite der möglichen Funktionen (Bohren, Fräsen usw.) an den Bearbeitungsmaschinen und damit die Bandbreite der zu bearbeitenden Produkte. Ein Wechsel zwischen den in einem Magazin vorgehaltenen Werkzeugen erfolgt automatisch ohne nennenswerte Rüstzeiten, da ein neues Werkzeug z.B. bereits während der laufenden Produktion bereitgestellt werden kann. Solange daher Produkte gefertigt werden, die auf die Werkzeuge des gleichen Magazins zurückgreifen, entfallen Umrüstzeiten fast vollständig. Damit steigt die zeitliche Flexibilität der Produktion, d.h., die Fertigung wird in den Stand versetzt, kleine Lose – im Grenzfall Losgröße 1 – wirtschaftlich zu produzieren.

Durch den automatisierten Werkzeugwechsel ergeben sich neuartige betriebswirtschaftliche Planungsprobleme. Für Produkte, die mit dem aktuellen Magazin bearbeitet werden können, entfallen Umrüstungszeiten. Ist hingegen ein Magazinwechsel erforderlich, treten z. T. erhebliche Umrüstungszeiten auf. Alle mit einem Magazin zu fertigenden Teile werden als **Teilefamilie** bezeichnet. Rüstzeiten treten damit nur bei einem Wechsel der Teilefamilie, nicht jedoch innerhalb der Teilefamilie auf. Daraus resultieren zwei eng miteinander verknüpfte Planungsprobleme.[20]
Die gesamte Teilepalette eines Betriebes muß in Teilefamilien untergliedert werden. Um eine hohe zeitliche Flexibilität zu wahren, sind möglichst wenige Teilefamilien zu bilden, da dann Umrüstvorgänge seltener werden. Die Anzahl der Teilefamilien wird jedoch von der Gesamtmenge unterschiedlicher Bearbeitungsfunktionen für alle Teile und von der Anzahl der an den Werkzeugmaschinen verfügbaren Werkzeugschlitze (slots) nach unten beschränkt.

Die **Teilefamilienbildung** beeinflußt in starkem Maße die **Magazinierungsplanung** (mit welchen Werkzeugen in welchen Werkzeugschlitzen ist ein Magazin zu bestücken). Durch die beim Teilefamilienwechsel auftretenden Rüstkosten ergibt sich eine Abwandlung des klassischen Losgrößenproblems. Die Rüstkosten sind Gemeinkosten aller Produkte einer Teilefamilie. Die optimalen Losgrößen sind dann für die Teilefamilie, nicht für die einzelnen Produkte, zu bestimmen. Zwischen diesem Losgrößenproblem und der Bildung der Zahl der Teilefamilien besteht ein innerer Zusammenhang. Kann ein Unternehmen unterschiedlich viele Teilefamilien bilden, hängen die losabhängigen Kosten auch von der Familienanzahl und der Zusammensetzung der Teilefamilien ab.[21] Z.B. ist der mittlere Teilebedarf einer Familie pro Zeiteinheit – eine Determinante der kostenoptimalen Losgröße – davon abhängig, welche und wieviele Produkte zu einer Familie zusammengefaßt werden.

Ein zweites, im Rahmen der Produktionssteuerung interessierendes Problem existiert bei Durchlauffreiheit, wenn zwischen unterschiedlichen Zuordnungen der Produkte zu Maschinen gewählt werden kann. Diese Produktionsaufteilungsplanung ist zwar in der Betriebswirtschaftslehre unter dem Aspekt einer kostenoptimalen Produktionsaufteilung altbekannt, und auch die Ablaufplanung hat sich mit der Wirkung der Produktionsaufteilung auf Durchlaufzeiten und Termineinhaltung auseinandergesetzt; dennoch hat diese Fragestellung bislang in den Systemen zur Produktionssteuerung kaum Beachtung gefunden.

Durch den automatischen Werkzeugwechsel sind zudem nur die Gesamtkapazitäten, nicht aber deren Aufteilung auf Bearbeitungsfunktionen vordefiniert. Je nach der Bedarfssituation lassen sich ähnlich wie bei Werkstattfertigung durch Umsetzung von Arbeitskräften die Kapazitäten zwischen den Funktionsgruppen verändern.[22] Die Funktionsgruppenkapazitäten sind abhängig von der Lösung des Zuordnungsproblems von Produkten zu Maschinen. Eine Produktionsplanung und -steuerung kann dann nicht mehr von vorgegebenen Funktionskapazitäten ausgehen. Die Flexibilitätspotentiale bei den Kapazitäten hängen jeweils von der aktuellen Magazinierung der Maschinen ab, denn die aktuellen Magazine definieren, in welchem Umfang Funktionskapazitäten kurzfristig veränderbar sind. FFS stellen damit neue Anforderungen an die Software zur Produktionsplanung und -steuerung.

4.2 Kostenstruktur und Kalkulation

Von FFS geht ein Einfluß auf veränderte Kostenstrukturen aus. Die reinen Fertigungslohnkosten sinken, während die Lohnkosten für Planung und Steuerung zunehmen. Gleichzeitig steigt der Umfang des Kapitaldienstes (Abschreibungen und Zinsen) an den Gesamtkosten. Insgesamt nimmt damit der Anteil fixer Gemeinkosten zu und schränkt die Kostenelastizität ein. Bei hohem Fixkostenanteil reagieren die Stückkosten relativ empfindlich auf Veränderungen der Ausbringungsmenge und erhöhen damit das Risiko, wenn es trotz eines universellen Einsatzes der Maschinen nicht gelingt, den Beschäftigungsgrad der Systeme zu stabilisieren. Hohe Fixkostenanteile bzw. hohe Anschaffungsauszahlungen für die Produktionssysteme steigern das Risiko auch noch in einer zweiten Hinsicht. Sie führen tendenziell zu steigenden Amortisationszeiten des investierten Kapitals. Steigende Amortisationszeiten sind insbesondere bei schnellem technischen Fortschritt riskant, da die Gefahr besteht, daß ein Ersatz der Anlagen bereits vor Erreichen der Amortisationszeit erforderlich wird. Um dieses Risiko einzudämmen, ist es dann wichtig, durch eine wachsende Produktionsmenge hohe Amortisationsbeiträge pro Jahr zu erreichen. Dies ist beispielsweise durch eine Verlängerung der wöchentlichen Maschinenlaufzeiten von 5 Wochentagen mit 2 Schichten auf 6 bis 7 Wochentage mit 3 Schichten zu erreichen.

Die veränderten Kostenstrukturen haben zudem Rückwirkungen auf die Eignung von Kostenrechnungsverfahren für die Kostenträgerstückrechnung. Bei sinkendem Einzelkostenanteil wird einer Zuschlagskalkulation weitgehend die Basis entzogen. Die Zuschlagskalkulation unterstellt für alle Produkte eines Produktionsprogramms die gleiche Relation zwischen Einzel- und Gemeinkosten, denn bei jedem Produkt kommen die gleichen Zuschlagssätze für Fertigungs-, Material- sowie Verwaltungs- und Vertriebskosten zur Anwendung. Die einzelnen Produkte beanspruchen die verschiedenen Komponenten eines FFS (Bearbeitungszentren und deren Werkzeuge, Transport-, Lagerungs- und Steuerungseinrichtungen) jedoch in sehr unterschiedlichem Umfang, so daß eine Verrechnung der Gemeinkosten mit einem einheitlichen Zuschlagssatz für alle Produkte nicht gerechtfertigt ist. Sofern die Kosten überhaupt vollständig auf Produkte durchgerechnet werden sollen, was allenfalls für eine kostenorientierte Preisbildung, nicht aber für eine zielsetzungsgerechte Steuerung des Unternehmens erforderlich ist, sind Kostenrechnungssysteme notwendig, die die Beanspruchung der Komponenten des FFS durch die Erzeugnisse sinnvoll abbilden.[23] Hierfür sind entsprechend aufgebaute Systeme einer aktivitätsbasierten Kostenrechnung (Prozeßkostenrechnung)[24] geeigneter als Zuschlagsrechnungen.

4.3 Rückwirkungen auf die Qualitätspolitik

Automatisierte Produktionsprozesse haben im Gegensatz zu nicht automatisierten Prozessen meistens den Vorteil, daß sie in höherem Maße in gleicher Form reproduzierbar und damit beherrschbar sind. Insbesondere die Faktoren eines Prozesses, die für die Einhaltung eines festgelegten Qualitätsstandards ausschlaggebend sind, lassen sich bei automatisierten Prozessen leichter identifizieren und kontrollieren, so daß Zufallsschwankungen der Qualität in der Produktion eher zu vermeiden sind. Die Varianz der Qualität um einen Normwert und die mittlere Abweichung von diesem Normwert müssen in gesättigten Märkten mit hohen Qualitätsanforderungen der Kunden möglichst niedrig sein, um eine im Zeitablauf stabile Qualität liefern zu können. FFS bieten eine gute Basis für Systeme zur statistischen Prozeßkontrolle (SPC). Meßvorrichtungen können die Einhaltung der Qualitätsnorm laufend überwachen und die Systeme u.U. automatisch wieder einregulieren, wenn die Qualitätsabweichungen einen vorgegebenen Toleranzwert zu überschreiten drohen. Beherrschbare Produktionsmethoden erleichtern auch die Planung der kontrollierbaren qualitätsrelevanten Parameter der Produktion (Verfahren von Taguchi),[25] um die Produktqualität weitgehend gegen Zufallseinflüsse (Temperatur, Feuchtigkeit, Einflüsse der Bedienungsmannschaft, zufällige Veränderungen der Materialien usw.) zu stabilisieren. Verfahren der on-line-Qualitätskontrolle sind zudem die Voraussetzung, um bei einer Produktumstellung nach möglichst kurzer Zeit den normalen Qualitätsstandard wieder zu erreichen.

4.4 Veränderte Anforderungen an die Mitarbeiter

Durch FFS werden Arbeitskräfte für reine Fertigungsfunktionen freigesetzt. Personal ist hingegen für folgende Tätigkeiten erforderlich:

- Handhabungsfunktionen (Zufuhr von Teilen, Wartung von Werkzeugen, Magazinierung der Werkzeuge): Personal wird für diese Funktionen eingesetzt, wenn der Einsatz von Handhabungsautomaten noch nicht möglich ist oder zu hohe Kosten verursacht.
- Personal ist für geistige, organisatorische und planerische Aufgaben notwendig. Hierzu zählen Tätigkeiten wie die Einrichtung, Steuerung, Kontrolle und Qualitätsüberwachung des Produktionssystems.

Mit zunehmender Automation werden die routinisierbaren Arbeiten – insbesonderere Handhabungsfunktionen – zunehmend von Automaten übernommen. Die Arbeitskräfte für diese Tätigkeiten (insbesondere angelernte und ungelernte Arbeitskräfte) werden freigesetzt (Vision der menschenleeren Fabrik der Zukunft). Für den künftigen Bedarf an Arbeitskräften resultiert daraus eine Verschiebung in den Nachfragerelationen. Die Nachfrage nach heute bereits kaum mehr vermittelbaren ungelernten Arbeitskräften wird bei fortschreitendem Einsatz von FFS weiter zurückgehen, während der Bedarf an hochqualifizierten Arbeitskräften für Planung, Steuerung und Kontrolle der Systeme zunimmt. Bei diesen Qualifikationsstufen besteht heute bereits ein Nachfrageüberhang, der sich künftig noch verstärken wird. Um diese Lücke zu füllen, werden Betriebe zunehmend dazu übergehen müssen, sich die entsprechenden Arbeitskräfte durch verstärkte Schulungs- und Weiterbildungsmaßnahmen selbst heranzubilden, da sie auf dem Arbeitsmarkt kaum zu beschaffen sein werden. Weiterbildung von Arbeitkräften wird deshalb künftig an Stellenwert gewinnen. Diese Tendenz wird bereits heute in der Automobilbranche im internationalen Vergleich zwischen Massenfertigung und lean production mit flexibler Automation deutlich.[26] Während nach einer Studie des Massachusetts Institute of Technology (MIT) japanische Automobilbauer ihre Arbeiter für die Fertigung 380,3 Stunden schulen, beträgt die Schulung in Deutschland (USA) nur 173,3 Stunden (46,4). Die Folge unzureichender Schulung sind Produktivitätsnachteile und Defizite bei den Qualitätsstandards, da die Produktionsprozesse durch die Arbeitskräfte weniger gut beherrscht werden. Während in Deutschland und den USA bestimmte Aufgaben (Fehlererkennung, Werkzeugwartung, Steuerung, Überwindung von Störungen) durch nicht unmittelbar in der Fertigung angesiedelte Ingenieure ausgeübt werden, können japanische Automobilarbeiter als Folge verbesserter Schulung diese Aufgaben z.T. selbst durchführen. Mit der verbesserten Schulung der Arbeitskräfte muß ein Abbau von Hierarchie in der Organisation und eine Verlagerung von Verantwortung auf die Arbeitskräfte in der Fertigung einhergehen.

Arbeitskräfte akzeptieren nur dann die „schlanke Produktion" mit flexibilisierten Fertigungssystemen, wenn ein Geist der gegenseitigen Verpflichtung vorherrscht. Den Arbeitskräften muß das Gefühl vermittelt werden, daß das Management fähige Arbeitskräfte schätzt und Anstrengungen unternimmt, sie zu halten und weiter zu schulen.[27] Flexible Fertigungssysteme tragen damit zur Veränderung der Organisation der Fertigung – Teamarbeit, Hierarchieabbau und Reintegration der Arbeit – bei. Diese organisatorischen Veränderungen sind die Voraussetzung, um die Vorteile flexibilisierter Produktionssysteme voll ausschöpfen zu können.

Anmerkungen

1 Vgl. Altrogge, G. (1979), Sp. 606.
2 Zum Begriff eines bewertungsdefekten Entscheidungsproblems vgl. Adam, D. (1983), S. 15 ff. und die dort angegebene Literatur.
3 Vgl. Meffert, H. (1985), S. 121 f.
4 Vgl. Adam, D. (1988), S. 6 ff.
5 Vgl. Jacob, H. (1989), S. 18 ff.
6 Vgl. Jacob, H. (1989), S. 41 ff.
7 Lohnstückkosten geben die Lohnkosten pro Stunde im Verhältnis zur Arbeitsproduktivität an. Im internationalen Vergleich sind die Lohnstückkosten in der Industrie in Deutschland um ca. 20 bis 25 % höher. In Belgien betragen sie z.B. nur 65,2 % des deutschen Niveaus, in den USA nur 75,96 % und in Japan 79,7. Vgl. dazu iwd, (1992), S. 6.
8 Vgl. iwd, (1992), S. 6.
9 Vgl. Gutenberg, E. (1983), S. 216.
10 Vgl. Pack, L. (1966), S 32 ff.
11 Vgl. Fandel, G.; Dyckhoff, H.; Reese, J. (1990), S. 181 ff.
12 Vgl. Fandel, G.; Dyckhoff, H.; Reese, J. (1990), S 86.
13 Vgl. Zäpfel, G. (1989), S. 172 f.
14 Vgl. Zäpfel, G. (1989), S. 173 f.
15 Vgl. Fandel, G.; Dyckhoff, H.; Reese, J. (1990), S. 88.
16 Zum Begriff des FFS vgl. Wildemann, H. (1987), S. 3 ff; Kargl, H. (1990), S. 958 f.
17 Vgl. Kusiak, A. (1985), S. 1058.
18 Vgl. z.B. Kargl, H. (1990), S. 957.
19 Vgl. Nieß, P. (1979), Sp. 599.
20 Vgl. Köhler, R. (1988), S. 8 ff.
21 Vgl. Köhler, R. (1988), S. 39 ff.
22 Vgl. Adam, D. (1992), S. 19 ff.
23 Vgl. dazu auch den Aufsatz von Eversheim, W.; Fuhlbrügge, M. in diesem Band.
24 Vgl. Coenenberg, A.; Fischer, T. (1991), S. 21 ff; Pfohl, H.C.; Stölzle, W. (1991), S. 1281 ff.
25 Zu den Taguchi-Methoden vgl. Brunner, F. (1989); Schweitzer, W.; Baumgartner, C. (1992) und die dort angegebene Literatur.
26 Vgl. Womack, J.; Jones, D.; Roos, D. (1991), S. 97 ff.
27 Vgl. Womack, J.; Jones, D.; Roos, D. (1991), S. 104 f.

Literaturverzeichnis

Adam, D. (1983): Kurzlehrbuch Planung, 2. Aufl., Wiesbaden 1983.
Adam, D. (1988): Aufbau und Eignung klassischer PPS-Systeme, in: SzU, Band 38, Wiesbaden 1988, S. 5-21.
Adam, D. (1992): Fertigungssteuerung im Maschinenbau auf der Basis Retrograder Terminierung (RT), in: Praxis und Theorie der Unternehmung, Festschrift für H. Jacob, Wiesbaden 1992, S. 13-38.
Altrogge, G. (1979): Flexibilität der Produktion, in: Kern, W. (Hrsg.), Handwörterbuch der Produktionswirtschaft, Stuttgart 1979, Sp. 604-618.
Brunner, F. (1989): Die Taguchi-Optimierungsmethoden; Ein neuer Qualitätsweg zur dynamischen Wettbewerbsfähigkeit, in: Qualität und Zuverlässigkeit, 34. Jg., 1989, S. 339-344.
Coenenberg, A.; Fischer, T. (1991): Prozeßkostenrechnung - Strategische Neuorientierung in der Kostenrechnung, in: DBW, 51. Jg., 1991, S. 21-38.
Eversheim, W.; Fuhlbrügge, M. (1993): Kostenbewertung flexibler Fertigungssysteme, in: SzU, Band 46, Wiesbaden 1993.
Fandel, G.; Dyckhoff, H.; Reese, J. (1990): Industrielle Produktionsentwicklung, Berlin et al. 1990.
Gutenberg, E. (1983): Grundlagen der Betriebswirtschaft, Band 1: Die Produktion, 24. Aufl., Berlin, Heidelberg, New York 1983.
iwd, (1992): Informationsdienst des Institutes der deutschen Wirtschaft, Heft 15, 1992.
Jacob, H. (1989): Flexibilität und ihre Bedeutung für die Betriebspolitik, in: Adam, D. et al. (Hrsg.), Integration und Flexibilität, Wiesbaden 1989, S. 15-60.
Kargl, H. (1990): Industrielle Datenverarbeitung, in: Schweitzer, M. (Hrsg.), Industriebetriebslehre, München 1990, S. 893-1014.
Köhler, R. (1988): Produktionsplanung für flexible Fertigungszellen, Münster 1988.
Kusiak, A. (1985): Flexible manufacturing systems, in: International Journal of Production Research, Vol. 23, 1985, S. 1057-1073.
Meffert, H. (1985): Größere Flexibilität als Unternehmenskonzept, in: ZfbF, 37. Jg., 1985, S. 121-139.
Nieß, P. (1979): Fertigungssysteme, flexible, in: Kern, W. (Hrsg.), Handwörterbuch der Produktionswirtschaft, Stuttgart 1979, Sp. 595-604.
Pack, L. (1966): Die Elastizität der Kosten, Wiesbaden 1966.
Pfohl, H.C.; Stölzle, W. (1991): Anwendungsbedingungen, Verfahren und Beurteilung der Prozeßkostenrechnung in industriellen Unternehmen, in: ZfB, 61. Jg., 1991, S. 1281-1305.
Schweitzer, W.; Baumgartner, C. (1992): Off-line-Qualitätskontrolle und Statistische Versuchsplanung, in: ZfB, 62. Jg., 1992, S. 75-100.
Wildemann, H. (1987): Investitionsplanung und Wirtschaftlichkeitsrechnung für flexible Fertigungssysteme (FFS), Stuttgart 1987.
Womack, J.; Jones, D.; Roos, D. (1991): Die zweite Revolution in der Autoindustrie, 2. Aufl., Frankfurt a. M., New York 1991.
Zäpfel, G. (1989): Strategisches Produktions-Management, Berlin, New York 1989.

Kostenbewertung flexibler Fertigungssysteme

Von Prof. Dr.-Ing. Dr. h.c. Dipl.-Wirt.-Ing. Walter Eversheim und
Dipl.-Ing. Dipl.-Wirt.-Ing. Matthias Fuhlbrügge

Inhaltsübersicht

1. Einleitung
2. Aufgaben der Kostenrechnung bei flexiblen Fertigungssystemen
3. Veränderungen in den Kostenstrukturen durch den Einsatz flexibler Fertigungssysteme
4. Werteverzehr in flexiblen Fertigungssystemen
5. Schwachstellen herkömmlicher Kostenrechnungssysteme
6. Anforderungen an die Kostenrechnung
7. Kostenrechnungssysteme zur Bewertung von flexiblen Fertigungssystemen
   7.1 Die Prozeßkostenrechnung
   7.2 Die funktional-differenzierte Kostenrechnung
       7.2.1 Struktur des Funktionsmodells
       7.2.2 Produktionsfaktoren
       7.2.3 Ressourcenverbrauchsfunktionen
       7.2.4 Bezugsgrößen
8. Anwendung der funktional-differenzierten Kostenrechnung zur Bewertung flexibler Fertigungssysteme – Fallbeispiel
9. Zusammenfassung

1. Einleitung

Durch die Schaffung des europäischen Binnenmarktes und die Öffnung neuer Handelswege nach Osteuropa sehen sich die Unternehmen einem zunehmend härteren nationalen und internationalen Wettbewerb ausgesetzt. Die Sättigung der Märkte erfordert häufige Neuentwicklungen konkurrierender Produkte. Da viele Unternehmen durch Diversifikation des Produktprogramms versuchen, in neue Marktsegmente vorzudringen, erhöht sich die Anzahl der Mitbewerber und es entstehen Überkapazitäten.

Die wachsende Konkurrenz und damit die Notwendigkeit, auf Kundenwünsche stärker einzugehen, bewirken höhere Anforderungen an die Qualität, die Termintreue, die Lieferzeit und den Preis. Darüber hinaus gilt es, neue gesellschaftliche Rahmenbedingungen zu berücksichtigen. Ein höheres Bildungsniveau, verbunden mit größerem Wohlstand, führen zum Wunsch nach attraktiven Arbeitsplätzen und neuen Arbeitszeitmodellen. Auch dem wachsenden ökologischen Bewußtsein muß durch eine effektivere Ressourcennutzung stärker Rechnung getragen werden. Die Unternehmen müssen sich daher dem Wettbewerb mit neuen Strategiekonzepten stellen.

Hierbei hat ein Paradigmenwechsel bei den Unternehmenszielen stattgefunden (Abbildung 1). In früheren Jahrzehnten konzentrierte sich die Unternehmensstrategie auf jeweils ein Ziel wie Auslastung, Flexibilität, Qualität oder Durchlaufzeit um konkurrenzfähig zu bleiben. Mittlerweile erfordert eine marktgerechte Produktion die parallele Verfolgung aller dieser Ziele, um ein Gesamtoptimum zu erreichen.

Durch eine Flexibilisierung der Produktion und den Einsatz flexibler Fertigungssysteme (FFS) versuchen viele Unternehmen, diese Anforderungen zu erfüllen. FFS unterschiedlicher Konfiguration haben sich in der Praxis bewährt und die Erfahrungen der letzten Jahre zeigen, daß die flexible Automatisierung mit ihren Problemen bei der informations- und materialflußtechnischen Verknüpfung als gelöst gilt[1].

Der Fortschritt der Technik spiegelt sich bisher nicht in den angewandten Bewertungsmethoden wider. In vielen Fällen wurden FFS nur auf der Basis einer „Unternehmerischen Entscheidung" eingeführt, weil die Wirtschaftlichkeit im Planungsstadium nicht eindeutig nachgewiesen werden konnte. Erst die Nachkalkulation zeigte dann die Vorteilhaftigkeit der getätigten Investition.

Bei der Berechnung von Stückkosten stoßen die klassischen Kostenrechnungs-

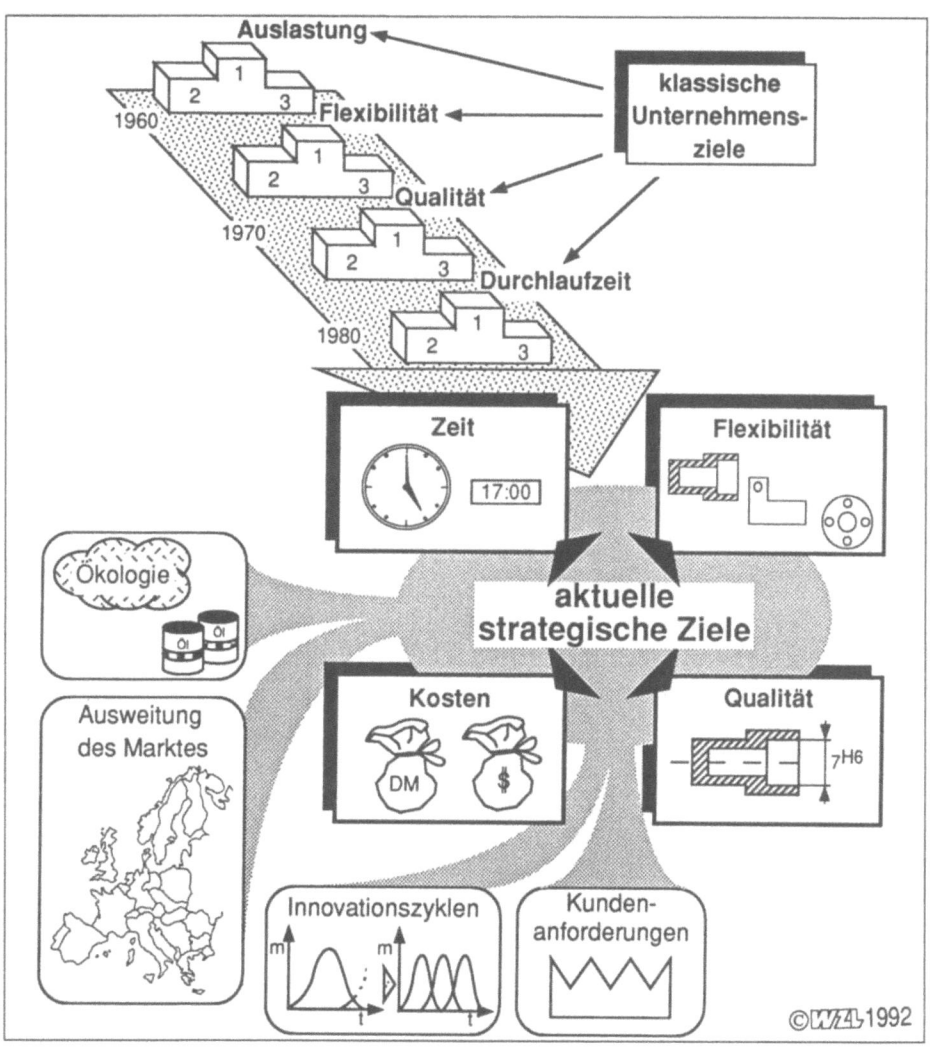

Abbildung 1: Paradigmenwechsel bei den Unternehmenszielen

methoden, wie die weit verbreitete Zuschlagskalkulation, an ihre Grenzen: Durch Gemeinkostenzuschläge von mehreren hundert Prozent ist eine verursachungsgerechte Kostenzuteilung unmöglich[2-4]. So werden Verfahrensvergleiche oder „Make-or-buy"-Entscheidungen auf einer unsicheren Basis durchgeführt.

Im folgenden Beitrag soll deshalb die Problematik der verursachungsgerechten Kostenverrechnung für FFS ausführlich erörtert werden. Dazu werden zunächst die Aufgaben der Kostenrechnung zur Bewertung von FFS dargestellt. Anhand der Kostenstrukturveränderungen bei FFS werden die Anforderungen an eine moderne Kostenrechnung zusammengetragen, um anschließend mögliche Bewertungsverfahren vorzustellen und zu diskutieren.

2. Aufgaben der Kostenrechnung bei flexiblen Fertigungssystemen

Die anfallenden Bewertungsaufgaben beziehen sich auf die Produkte und die Produktionssysteme. Sowohl für Produkte als auch für Produktionssysteme kann von einem Lebenszyklus ausgegangen werden, über dessen unterschiedliche Phasen unterschiedliche Bewertungszwecke zu erfüllen sind (Abbildung 2).

Die Produktionssysteme müssen während der Planungsphase im Rahmen von Investitionsbewertungen auf ihre Vorteile hin überprüft werden. Während des Betriebs werden periodisch Kostenplanungen und Kostenabrechnungen durchgeführt. Hauptzweck dieser Betrachtung ist die Überprüfung der Wirtschaftlichkeit des Produktionssystems[5].

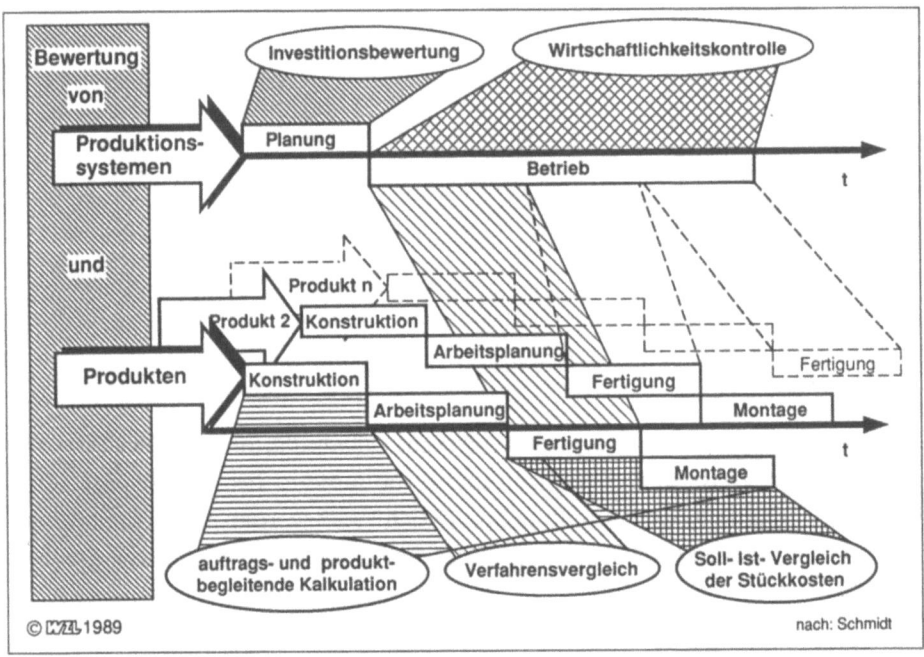

Abbildung 2: Bewertungssituation in der Produktion (nach: Schmidt /26/)

Produktbewertungen und gleichermaßen Bewertungen von Einzelteilen und Baugruppen eines Produktes fallen in allen Phasen der Produktion, von der Konstruktion und Entwicklung über die Arbeitsplanung bis hin zur Montage, an.

Zweck solcher Produktbewertungen sind z. B. fertigungstechnische Verfahrensvergleiche im Rahmen der Arbeitsplanung, Produktvergleiche im Rahmen der Variantenbewertung oder Soll-Ist-Kosten-Vergleiche im Rahmen von „Make-or-buy"-Entscheidungen.

3. Veränderungen in den Kostenstrukturen durch den Einsatz flexibler Fertigungssysteme

Der Betrieb von FFS erfordert neue bzw. veränderte Funktionen (integrierte BDE/MDE, DNC-Kopplung an lokale Rechnernetzwerke etc.) und somit eine modifizierte Funktionsausführung. Teilweise werden Funktionen nicht mehr manuell, sondern automatisch bzw. rechnerunterstützt ausgeführt. Andere Funktionen werden nicht mehr zentral, sondern dezentral ausgeführt. Diese Veränderungen in den Fertigungsabläufen und -strukturen haben Auswirkungen auf die Kostenstrukturen. Nachfolgend sollen deshalb die Veränderungen der Kostenstrukturen durch den Einsatz von FFS anhand einiger wichtiger Merkmale verdeutlicht werden (Abbildung 3)[6,7].

Im Zuge der Installation derartiger Systeme sind einmalig anfallende *Vorlauf-* und *Installationskosten* zu berücksichtigen, die in der Regel höher sind als bei weniger komplexen Systemen. Sie entstehen durch eine aufwendigere Planung und Realisierung der zu ändernden Ablauforganisation, die größere Komplexität des Systems, den erhöhten Aufwand im Betriebsmittelbau und reichen über die Erstellung bzw. Anpassung von Software bis zu einer ersten Prototypenfertigung. Hinzu kommt die datentechnische Integration in den betrieblichen Informationsverbund und die hierfür zu planende Rechnerarchitektur.

Der hohe Automatisierungsgrad vieler Funktionen in FFS macht hohe Investitionssummen erforderlich, die sich in hohen *Fixkosten* niederschlagen. Diese Kapitalbindung in Form von Anlagevermögen zwingt zu hohen Auslastungsgraden der Maschinen und Systemkomponenten. Diesem Sachverhalt kann wirkungsvoll mit einer Steigerung der Anlagennutzungsdauer begegnet werden.

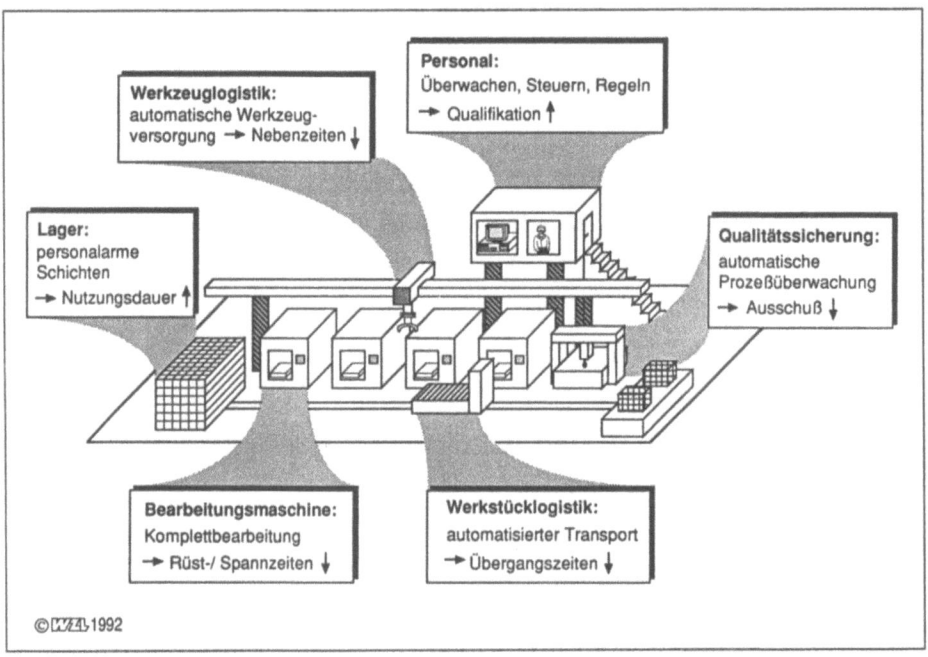

Abbildung 3: Einfluß flexibler Fertigungssysteme auf die Kostenstruktur

Infolge der gesteigerten Produktionsflexibilität können mehrere Teilegenerationen auf einer Anlage gefertigt werden, so daß auch bei sinkenden Losgrößen eine Steigerung der Gesamtstückzahl der auf dem FFS produzierten Teile möglich ist. Darüber hinaus können anteilige *Kapitalkosten* des FFS sinken, indem personalarm während der Pausen, in der 3. Schicht und am Wochenende produziert wird. Die Erhöhung des Nutzungsgrades der Anlagen wird unterstützt durch eine Verringerung der *Rüst-* und *Nebenzeitanteile*. Dadurch verlagert sich das kostenoptimale Minimum der Summenfunktion zwischen *Rüst-* und *Lagerkosten* hin zu niedrigeren Losgrößen.

Auch die *Qualitätskostenstruktur* verändert sich durch den Einsatz von FFS. Einerseits erfordern Prozeßüberwachungssysteme und automatische Prüfeinrichtungen ein hohes Investment, andererseits lassen sich durch diese gleichmäßige Kontrolle und durch den sicheren Prozeßablauf die Kosten für Ausschuß und Nachbearbeitung erheblich senken. Die automatische Werkzeugüberwachung, die Standzeitkontrolle, die Korrekturdatenanpassung und die automatische Werkzeughandhabung beeinflussen die *Werkzeugkosten*.

Ähnlich verhält es sich auch mit den *Transportkosten*. Automatisierte Transport- und Handhabungssysteme erfordern zwar ein hohes Investitionsvolumen, ermöglichen aber auch eine Reduzierung des Transportaufwandes, insbesondere durch die Entlastung des gesamtbetrieblichen Transportwesens. Die Verkettung mehrerer Maschinen, meist Bearbeitungszentren mit gemeinsamem Werkstückspeicher und -transport, mit gemeinsamer Werkzeugversorgung und mit einem gesteuerten Materialfluß, tragen dazu bei, die Transportkosten zu senken. Darüber hinaus ermöglichen sie eine Reduzierung der Übergangszeiten zwischen den einzelnen Bearbeitungsschritten, so daß sich auch die Verkürzung der Durchlaufzeit positiv auf die Kapitalbindungskosten des Umlaufvermögens auswirkt.

Veränderungen auf dem Gebiet der Personalstrukturen und der Arbeitsinhalte der Mitarbeiter haben Einfluß auf die Arbeitsbewertung und das Entlohnungssystem. Die in Werkstattbereichen anzutreffende Akkordentlohnung und die damit verbundene Kopplung an die Maschinennutzungszeit ist bei FFS nicht mehr sinnvoll[7]. Die neuen Formen der Arbeitsorganisation – Gruppenarbeit und Mehrmaschinenbedienung – erfordern höher qualifiziertes Personal für die Maschinen- und Anlagennutzung sowie für die Überwachung und Steuerung des FFS vom Leitstand aus. Neben den technischen und organisatorischen Gegebenheiten wird eine gute Qualifikation des Personals in wachsendem Maße als unabdingbare Voraussetzung zukünftiger, wettbewerbsfähiger Produktionsstrukturen angesehen. Die Produktivität und Wirtschaftlichkeit eines integrierten Fertigungssystems wird daher entscheidend von der Qualifikation und von der Motivation der an der Planung, Kontrolle und Ausführung beteiligten Mitarbeiter geprägt. Dies führt zwangsläufig zu höheren Personalkostensätzen. Gleichzeitig verringert sich mit wachsender Automatisierung die Anzahl der in den Fertigungssystemen eingesetzten Mitarbeiter. Somit wird insgesamt eine deutliche Reduzierung des *Personalkostenanteils* erreicht.

4. Werteverzehr in flexiblen Fertigungssystemen

Die oben genannten Veränderungen in den Kostenstrukturen charakterisieren die Inanspruchnahme und damit den Werteverzehr von Produktionsfaktoren in FFS. Eine Aufgabe der betrieblichen Kostenrechnung ist es, den jeweiligen Werteverzehr, der durch die Leistungserstellung und -verwertung verursacht wird, rechnerisch zu erfassen und in Form von Kosten auszudrücken[8]. Die genaue Kenntnis des Werteverzehrs bildet die Basis für eine verursachungsgerechte Kostenverrechnung. Im folgenden Kapitel soll deshalb der durch FFS geänderte Werteverzehr von Produktionsfaktoren strukturiert und erläutert werden.

Neben den von Gutenberg genannten elementaren Produktionsfaktoren Mensch, Betriebsmittel und Material ist die Information der vierte Faktor, den es insbesondere bei integrierten Produktionssystemen zu berücksichtigen gilt (Abbildung 4). Das Personal ist sowohl produktiv als auch dispositiv beschäftigt. Unter dem Produktionsfaktor Information sind die Daten, Kommunikation und Datenverarbeitung zu verstehen, die zum Betrieb einer Produktionsanlage erforderlich sind, und sowohl manuell als auch rechnerunterstützt ausgeführt werden.

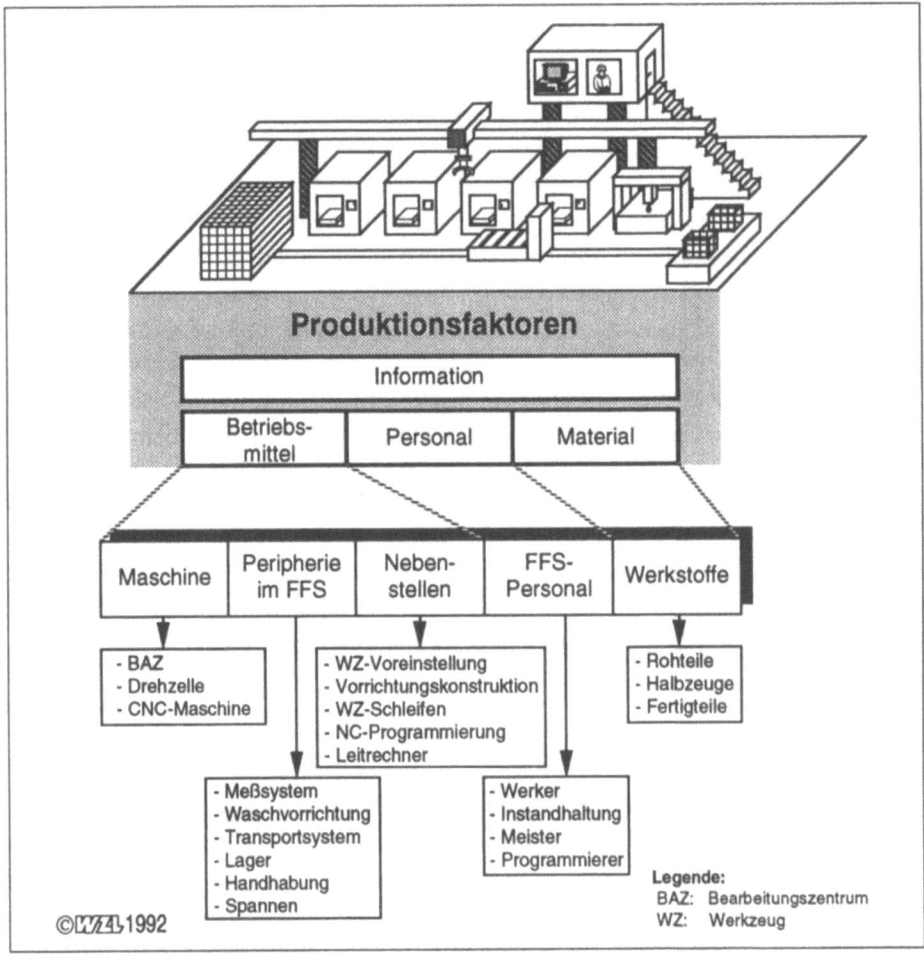

Abbildung 4: Produktionsfaktororientierte Differenzierung der Kostenstelle FFS

In FFS setzt sich der Produktionsfaktor Betriebsmittel aus den Bearbeitungsmaschinen, den unterschiedlichen Peripheriekomponenten und Nebenstellen zusammen.

Die Nutzungsform der Maschinen hat sich durch die Maßnahmen in ihrem Umfeld geändert. Geringere Leerzeiten durch hauptzeitparallele Rüst- und Spannvorgänge haben zu einer erheblichen Produktivitätssteigerung im Vergleich zur konventionellen Produktion geführt. Darüber hinaus können in den verschiedenen Nutzungsperioden (1., 2. und 3. Schicht, Wochenende, Pausenüberbrückung) jeweils unterschiedliche Leistungsdichten auftreten. Die Anwender gehen gezielt dazu über, einfache Teile mit langen Bearbeitungszeiten bei reduzierten Bearbeitungsparametern (Vorschub, Schnittgeschwindigkeit, Standzeitvorgaben) in den Zeiten mit reduziertem Überwachungspersonal zu produzieren. Dies erfordert eine differenzierte Bewertung der Inanspruchnahme unter Berücksichtigung der Leistungsintensität.

Der hohe Anteil an Investitionen für Peripherieeinrichtungen in flexiblen Fertigungssystemen, wie z. B. Werkzeug- und Vorrichtungswesen, Leitrechner, Transport- und Lagersysteme, erfordert eine differenzierte Quantifizierung ihrer Nutzung. Bisher ist es nicht möglich, einheitliche Bestimmungsgrößen zur Quantifizierung der Nutzung der verschiedenen Peripheriekomponenten zu benennen. Dies liegt einerseits an der unterschiedlichen Inanspruchnahme durch die einzelnen Werkstücke, andererseits werden flexible Fertigungssysteme in unterschiedlichen Betriebsarten eingesetzt. So ist es üblich, daß in der ersten Schicht andere Werkstückarten mit anderen Anforderungen an die Peripherieeinrichtungen bearbeitet werden als in der dritten Schicht[9, 10].

Die systembedingten Veränderungen des Werteverzehrs sind durch die Art der Ablauforganisation bedingt, die sich von der konventionellen Produktion erheblich unterscheidet. Dies gilt sowohl für die Einbindung der Systeme in die Gesamtorganisation des Unternehmens als auch für den Bearbeitungsablauf innerhalb der Systeme. Bei Fertigungssystemen mit wahlfreier Verkettung der Bearbeitungsstationen und einer leistungsfähigen Transportsteuerung wird erst kurz vor Beginn der Bearbeitung aufgrund des aktuellen Systemzustands (Kapazitätssituation, verfügbare Werkzeuge und Vorrichtungen) festgelegt, welche Bearbeitungseinrichtungen die Werkstücke in welcher Reihenfolge fertigen. Dies verursacht unterschiedliche Bearbeitungsabläufe und damit eine unterschiedliche Peripherienutzung für vergleichbare Werkstücke, z. T. sogar für die Werkstücke eines Auftrags.

In FFS werden Funktionen in erheblichem Umfang automatisiert ausgeführt, die bisher der menschlichen Arbeit vorbehalten waren[11, 12]. Flexible Fertigungssysteme erfordern daher neue Arbeitsstrukturen, die den Menschen vom eigentlichen Bearbeitungsprozeß und vom Arbeitstakt der Maschine entkoppeln. Die Aufgaben ändern sich dadurch weg vom direkten Durchführen des Bearbeitungsprozesses hin zum Überwachen, Versorgen und Störungsmanagement. Die Inanspruchnahme des Produktionsfaktors Personal ist dadurch nicht mehr direkt an die Bearbeitungszeit gekoppelt.

In bezug auf das Personal und die Verrechnung von Personalkosten ist außerdem zu berücksichtigen, daß in der ersten Schicht bei vielen flexiblen Fertigungssystemen eine größere Systemmannschaft vorhanden ist als in der zweiten und insbesondere in der dritten Schicht.

Der Produktionsfaktor Material ist das eingesetzte Rohteil. In einigen Fällen erfordert die automatisierte Handhabung oder das Spannen auf spezielle Vorrichtungen im FFS eine spezielle Teilegeometrie und hat dadurch Einfluß auf den Wert des Rohteils.

Die Information entspricht laut Produktions- und Kostentheorie[8] einem Potentialfaktor, der in seinem Bestand erhalten bleibt. Im Unterschied zu anderen Potentialfaktoren, wie Betriebsmittel, ist jedoch kein Nutzungsverschleiß festzustellen. Die Bewertung des Verzehrs muß deshalb von dem Potential ausgehen, das sich aus der Investition für Informationsverarbeitung, Datenhaltung und Kommunikation einerseits und den laufenden Kosten zur Informationsverarbeitung andererseits ergibt.

Für alle diese Produktionsfaktoren gilt, daß für eine verursachungsgerechte Kostenzuordnung der Nutzung dieser Produktionsfaktoren die Kostenartenaufteilung nicht wie bisher üblich herkunftsorientiert (vgl. Gemeinschaftskostenrahmen der Industrie), sondern hinkunftorientiert[13] erfolgen muß. Mit Hilfe einer so umstrukturierten Kostendarstellung ist eine differenzierte Kostendatenerfassung möglich, so daß auch noch andere, technologieangepaßte Kostenarten, wie Qualitätskosten oder Logistikkosten, berücksichtigt werden können.

Die aufgeführten Merkmale des Werteverzehrs in flexiblen Fertigungssystemen erfordern weitreichende Veränderungen in den Methoden der Kosten- und Wirtschaftlichkeitsrechnung.

5. Schwachstellen herkömmlicher Kostenrechnungssysteme

Herkömmliche Kostenrechnungssysteme weisen mit Blick auf integrierte Fertigungssysteme eine Vielzahl von Schwachstellen auf, die im folgenden näher erläutert werden. Die Schwachstellen betreffen im einzelnen:

- die nicht ausreichend differenzierte Behandlung der Bewertungssituation,
- die ungenügende Leistungsfähigkeit der Bewertungsmethode,
- die mangelnde Qualität und Verfügbarkeit der Kostendaten sowie
- die ungenügende Verrechnung des hohen Gemeinkostenanteils.

Die Mängel bei der Bewertungssituation lassen sich auf die Festlegung falscher zeitlicher und räumlicher Systemgrenzen zurückführen. Zahlreiche Kostenrechnungssysteme orientieren sich an nur jeweils einem zeitlichen Bewertungshorizont innerhalb festgefügter Kostenstellenabgrenzungen. Da diese Strukturen aber gerade durch FFS verändert werden[12, 14], mangelt es den meisten Bewertungsverfahren an einer angemessenen Berücksichtigung der angrenzenden Bereiche.

In der betriebswirtschaftlichen Literatur wird an vielen Stellen betont, daß Bewertungen in Abhängigkeit von der jeweiligen Entscheidungssituation vorzunehmen sind[15, 16]. Trotz dieser Forderungen verwenden Praktiker aus unterschiedlichen Gründen dieselben Methoden für unterschiedliche Bewertungsfälle[2, 11, 17]. Gründe für diesen Verzicht auf differenzierte Bewertungsansätze liegen zum einen in der unzureichenden Kenntnis, vor allem des technischen Personals, in bezug auf die Anwendung unterschiedlicher Bewertungsmethoden, zum anderen in der Struktur von Bewertungshilfsmitteln, wie z. B. EDV-Programmen, die jeweils nur auf bestimmte Anwendungsfälle zugeschnitten sind. Bisher liegen nur wenige Methodensammlungen vor, die eine Auswahl einheitlich strukturierter Bewertungsmethoden anbieten[18-20].

Die zweite Schwachstelle liegt in den Kostenrechnungsmethoden begründet. Die Lohnzuschlagskalkulation orientiert sich an alter personalintensiver Produktionstechnik. Die Teilkostenrechnungssysteme, die auf einer Unterscheidung nach variablen und fixen Kosten basieren, verlieren an Aussagekraft dadurch, daß der Fixkostenanteil, der mit diesen Methoden nicht zugerechnet wird, beständig größer wird[12, 21, 22].

Außerdem begnügt man sich bisher in der Kostenrechnung weitgehend damit, die veränderten und steigenden Kosten für Informationsverarbeitung und planende und steuernde Funktionen über Gemeinkostenumlagen zu verteilen. Die Zuschlagssätze auf immer geringere Zuschlagsbasen werden dabei immer größer[11, 12]. Dies liegt unter anderem darin begründet, daß Einzelkosten nicht als Einzelkosten erfaßt, sondern als „unechte Gemeinkosten" verrechnet werden[12, 17, 23].

Den dritten Schwachpunkt der Kostenrechnungssysteme bilden die Qualität und die Verfügbarkeit der Kostendaten. Die als technische Datenbestände vorhandenen Informationen, wie z. B. die Geometrie- und Technologiedaten der Konstruktion, die betriebsmittel- und prozeßbezogenen Daten der Arbeitsplanung und die Ist-Daten der Leit- und Steuerungsrechner in der Fertigung, werden nicht genutzt. Die bisher häufig anzutreffende Aufteilung in kommerzielle und technische Datenverarbeitung behindert einen Datenaustausch über die Bereichsgrenzen hinweg.

Der letzte Schwachpunkt liegt in der Höhe der Gemeinkosten. In der konventionellen Kostenrechnung ist der Anteil der Kosten, deren Verursachung transparent ist und die deshalb innerhalb einer Entscheidungssituation berücksichtigt werden können, gering. So werden häufig lediglich die Material- und Fertigungseinzelkosten betrachtet.

Ziel muß es sein, den hohen Gemeinkostenblock in seine Anteile zu zerlegen und diese verursachungsgerecht den Kostenträgern zuzuordnen. Hierdurch wird die verdeckte Quersubventionierung von Kostenträgern, z.B. durch unechte Gemeinkosten, vermieden.

6. Anforderungen an die Kostenrechnung

In den beiden vorangegangenen Kapiteln wurde erläutert, daß der Fixkostenanteil flexibler Fertigungssysteme erheblich höher ist als der bei konventionellen Fertigungsstrukturen. Dieser Trend wird durch eine Untersuchung der Harvard Business School[24] belegt. Von 1945 bis heute wuchs der Anteil der Fixkosten kontinuierlich von 55% auf 75% an.

Bei einer ausschließlichen Verrechnung auf Basis der variablen Kosten kann demnach maximal ein Kostenanteil von 25% korrekt berücksichtigt werden. Ein anforderungsgerechtes Kostenrechnungssystem muß daher eine weitgehende Auflösung der Gemeinkosten ermöglichen und diese verursachungsgerecht den Kostenträgern zuordnen.

Eine Aufgabe der Kostenrechnung ist die Produktkalkulation. Um ein möglichst wirklichkeitsgetreues Abbild der entstehenden Kosten zu erhalten, ist es notwendig, daß die Kosten verursachungsgerecht und differenziert erfaßt und auf die Produkte umgelegt werden. Dabei muß der Aufwand und der Nutzen der Differenzierung gegeneinander abgewogen werden.

Kosten entstehen bei der betrieblichen Leistungserstellung. Die hierzu erforderlichen Funktionen nehmen obige Produktionsfaktoren in Anspruch. Folglich bietet es sich an, eine verursachungsgerechte Kostenrechnung an den Funktionen festzumachen, die zur Erstellung des Produktes erforderlich sind.

Bei einer funktionsorientierten Verrechnung der Leistungen darf die Kostenstellenstruktur nicht mehr ausschließlich an der Aufbauorganisation orientiert sein, sondern muß stärker die Ablauforganisation berücksichtigen.

Die Anforderungen können daher wie folgt zusammengestellt werden[25, 26]:

- differenzierte Verrechnung von Gemeinkosten nach dem Verursachungsprinzip
- Orientierung der Kostenrechnung an einem funktionalen Modell
- Reorganisation der Kostenstellen nach Verantwortungsbereichen und Funktionen

Desweiteren verlangt der Einsatz integrierter Systeme die Fertigung nicht isoliert, sondern in Verbindung mit den vor- und nachgelagerten Bereichen zu betrachten[27-30].

Die aufgeführten Merkmale des Werteverzehrs in flexiblen Fertigungssystemen erfordern auf diese Anforderungen zugeschnittene Methoden der Kosten- und Wirtschaftlichkeitsrechnung. Im folgenden Kapitel werden Kostenrechnungsmethoden auf ihre Eignung zur FFS-Bewertung untersucht.

7. Kostenrechnungssysteme zur Bewertung von flexiblen Fertigungssystemen

7.1 Die Prozeßkostenrechnung

Die Prozeßkostenrechnung ist ein Ansatz, der zur Lösung der Problematik wachsender Gemeinkostenanteile entwickelt wurde[31-36]. Bei der Methode werden alle in einem Unternehmen erbrachten Leistungen als Prozesse definiert und der jeweilige Leistungsverzehr auf Vollkostenbasis erfaßt. Die Ziele der Prozeßkostenrechnung sind[37]:

- Erhöhung der Kostentransparenz in den indirekten Bereichen,
- Sicherstellung eines effizienten Ressourcenverbrauchs,
- Aufzeigen der Kapazitätsauslastung,
- Verbesserung der Produktkalkulation und
- konstruktionsbegleitende Kosteninformation.

Die Identifizierung der Prozesse erfolgt über eine Aktivitäts- bzw. Tätigkeitsanalyse, in deren Mittelpunkt die fertigungsunterstützenden Kostenstellen Konstruktion, Arbeitsvorbereitung, Produktionsplanung und -steuerung und Qualitätssicherung stehen.

Die Prozesse sind auf der einen Seite der durchführenden Kostenstelle und auf der anderen Seite dem zu definierenden abteilungsübergreifenden Hauptprozeß zuzuordnen. Wegen der heterogenen Leistungen indirekter Bereiche werden in der Regel mehrere Teilprozesse unter einer Kostenstelle subsumiert.

Die Ermittlung der Prozeßkosten erfolgt entweder auf der Basis analytischer Kostenplanungen oder mittels Aufschlüsselung der betroffenen Kostenstellenbudgets. Für die einzelnen Prozesse sind geeignete Bezugsgrößen zu finden, mit deren Hilfe die Prozeßmengen quantifiziert werden können (Abbildung 5). Die jeweiligen Planprozeßmengen einer Periode werden dann durch die Quantifizierung der Bezugsgrößenausprägung bestimmt und dienen als Grundlage der Kostenplanung. Die Ermittlung der Prozeßkostensätze erfolgt durch Division der jeweiligen Prozeßkosten durch die zugehörigen Planprozeßmengen [37].

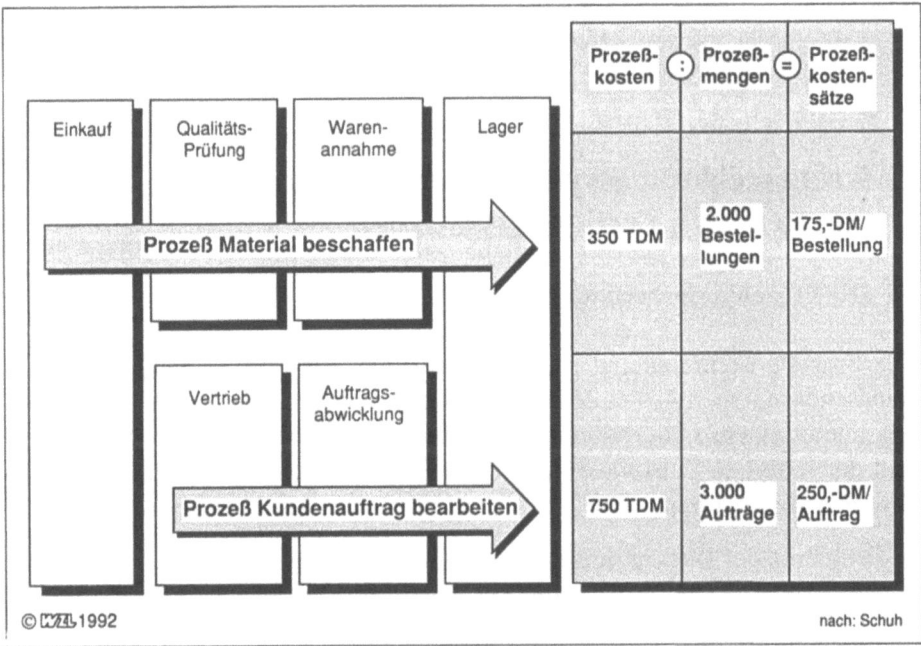

Abbildung 5: Prinzip der Prozeßkostenrechnung (nach: Schuh[37])

Die Prozeßkostenrechnung ist kein völlig neues Kostenrechnungssystem, sondern bedient sich im Prinzip der traditionellen Kostenarten- und Kostenstellenrechnung. In neueren Veröffentlichungen werden die Parallelen zwischen der Prozeßkostenrechnung und der Grenzplankostenrechnung herausgestellt[38, 39].

Trotz aller Vorteile weist die Prozeßkostenrechnung auch einige Schwächen in bezug auf eine verursachungsgerechte Kostenverrechnung auf. Die Gründe hierfür sind:

- das Aggregieren mehrerer Prozesse zu einem Hauptprozeß,
- die Notwendigkeit, die aggregierten Hauptprozesse auf Basis von nur einer Bezugsgröße zu verrechnen und
- der angenommene lineare Zusammenhang zwischen Prozeßmenge und Bezugsgröße.

Da das Haupteinsatzgebiet der Prozeßkostenrechnung die fertigungsunterstützenden Bereiche sind, werden die dort ablaufenden Teilprozesse aufgrund ihrer Heterogenität in der Regel zu einem Hauptprozeß zusammengefaßt und unter einer Kostenstelle subsumiert. Für einen so aggregierten Hauptprozeß wird jeweils eine Bezugsgröße ausgewählt, mit deren Hilfe der Prozeßkostensatz berechnet wird. Insbesondere bei den Kostenstellen der produktiven Bereiche kann durch diese Vorgehensweise eine verursachungsgerechte Kostenverrechnung nicht gewährleistet werden. Im Gegensatz zu den dispositiven Bereichen werden hier die verschiedenen Produktionsfaktoren bei der Leistungserstellung unterschiedlich stark in Anspruch genommen[40].

Die zur Prozeßkostenrechnung verwendeten Bezugsgrößen beschreiben vorrangig die Inanspruchnahme der Produktionsfaktoren ganz allgemein. Darüber hinaus werden die Bezugsgrößen aus einem Durchschnittswert des aktuellen Produktionsprogrammes gebildet[41]. Die Folge davon ist, daß der direkte Bezug zu produktbeschreibenden Parametern in der Regel nicht gegeben ist. Beispielsweise sind die Kosten für den Prozeß „Material beschaffen und lagern" nicht nur von der Anzahl der Auslagerungspositionen, sondern zusätzlich von weiteren Bezugsgrößen wie dem Teilevolumen, den verwendeten Transportbehältern und der damit verbundenen Lagerflächenbelegung abhängig.

Ein weiterer Schwachpunkt ist das Verrechnen der Kosten auf Basis eines proportionalen Zusammenhangs zwischen Bezugsgröße und der Prozeßmenge[39,40]. In einer Analyse des Werteverzehrs in der industriellen Fertigung konnte gezeigt werden, daß insgesamt fünf Funktionstypen zur Beschreibung der Verbrauchsfunktionen existieren[26]. Ein Beispiel hierfür ist ein sprungfixer Funktionsverlauf, der auftritt, wenn Ressourcen eingesetzt werden, deren Kapazität nicht beliebig teilbar ist.

Zusammenfassend kann festgestellt werden, daß die Prozeßkostenrechnung zu einer verursachungsgerechteren Kostenzuordnung insbesondere in den indirekten Bereichen beiträgt. Aufgrund der eingangs dargestellten Kostenstrukturveränderungen bei FFS sollte sie allerdings nicht uneingeschränkt zur Anwendung kommen, sondern in Abhängigkeit von der Bewertungsaufgabe durch andere Kostenrechnungssysteme unterstützt bzw. ergänzt werden.

7.2 Die funktional-differenzierte Kostenrechnung

Die funktional-differenzierte Kostenrechnung nutzt ebenfalls die weitverbreitete Gliederung der betrieblichen Kostenrechnung in Kostenarten-, Kostenstellen- und Kostenträgerrechnung auf Vollkostenbasis. Grundgedanke der differenzierten Kostenbewertung ist es, alle beim Produktionsprozeß anfallenden Kostenarten separat und detailliert zu erfassen und verursachungsgerecht auf die Kostenträger zu verrechnen. Die Bewertung orientiert sich dabei an den zur Herstellung eines Produktes erforderlichen Unternehmensfunktionen innerhalb der Wertschöpfungskette. Dabei werden den Funktionen weitere Elemente wie Produktionsfaktoren, Verbrauchsfunktionen und Bezugsgrößen zugeordnet. Ziel ist es, den Gemeinkostenblock so weit wie möglich aufzuschlüsseln, um damit die Kostentransparenz und die Beeinflußbarkeit einzelner Kostenanteile zu erhöhen.

7.2.1 Struktur des Funktionsmodells

Die Basis zur differenzierten Kostenbewertung bildet ein funktionales Modell des Produktionsgeschehens, das mit der SADT (Structured Analysis and Design Technique) gebildet wird[26]. Die Beschreibung des Systems beginnt auf der höchsten Abstraktionsebene und wird durch schrittweises Detaillieren hierarchisch gegliedert. Die Funktionen entsprechen Aktivitäten, die durch den Menschen und/oder die Technik (Maschinen, EDV etc.) ausgeführt werden. Ein wichtiges Merkmal ist, daß hierbei organisatorische Horizontal- und Vertikalgliederungen im Unternehmen keinen Einfluß auf die Abbildung der funktionalen Zusammenhänge haben und somit auch auf die bestehende Kostenstellengliederung keine Rücksicht nehmen.

Das Funktionsmodell dient der Erfassung aller ressourcenverzehrenden Aktivitäten als Spiegelbild einer Gesamtheit der Unternehmensfunktionen. Damit wird sichergestellt, daß alle kostenrelevanten Daten aus verschiedenen Bereichen eines integrierten Produktionssystems – hier: FFS – vollständig erfaßt werden. Im nächsten Schritt werden deshalb den Funktionen Produktionsfaktoren zugeordnet.

7.2.2 Produktionsfaktoren

Bei der funktional-differenzierten Kostenrechnung werden die Produktionsfaktoren Mensch, Betriebsmittel, Material und Information berücksichtigt. Jeder Produktionsfaktor kann aus einer oder mehreren Ressourcen zusammengesetzt werden. Der Produktionsfaktor Betriebsmittel könnte bei einem FFS beispielsweise aus den Ressourcen Maschine, Werkstücktransport, Werkzeugversorgung, Lagerwesen und Vorrichtungen bestehen.

Eine differenzierte Kostendatenerfassung ermöglicht die detaillierte Aufteilung und Zuordnung der einzelnen Kostenarten zu den einzelnen Produktionsfaktoren. So erfolgt beispielsweise eine Unterscheidung der einzelnen Lohngruppen in Abhängigkeit von der Qualifikation im Zusammenhang mit der ausgeübten Funktion.

Die Merkmale der eingesetzten Produktionsfaktoren bestimmen zusammen mit weiteren Einflußgrößen des technischen Produktionsprozesses bzw. der organisatorischen Abläufe die Höhe des Werteverzehrs.

7.2.3 Ressourcenverbrauchsfunktionen

Die Unternehmensfunktionen werden mit den Produktionsfaktoren in Form von Ressourcenverbrauchsfunktionen verknüpft (Abbildung 6).

Die Erfassung dieser Funktionen kann mit unterschiedlichem Aufwand und daher mit unterschiedlicher Aussagegenauigkeit erfolgen.

Mit relativ geringem Aufwand läßt sich der Werteverzehr mit Hilfe einer ABC-Analyse nach seinem Anteil an der Kostenverursachung bzw. der Veränderung von Kosten einteilen. Für Anwendungen geringer Detaillierung reicht es aus, nur die A-Anteile zu erfassen. Aus Regressionsanalysen oder auch aus der Analyse der Extremwerte früherer Detailuntersuchungen lassen sich einfache Kostenfunktionen herleiten. Erfahrungsgemäß bereitet die Aufstellung von mathematischen Funktionen und ihre Validierung erheblichen Aufwand[42]. Soweit exakte Kostenfunktionen vorliegen, können diese durch systematische Vorbesetzung bzw. durch mathematische Vereinfachungen der Formeln für Anwendungen mit geringerer Detaillierung aufbereitet werden.

7.2.4 Bezugsgrößen

Mit Hilfe der genannten Verbrauchsfunktionen kann die Nutzung der verschiedenen Produktionsfaktoren bei der Ausführung von Funktionen beschrieben

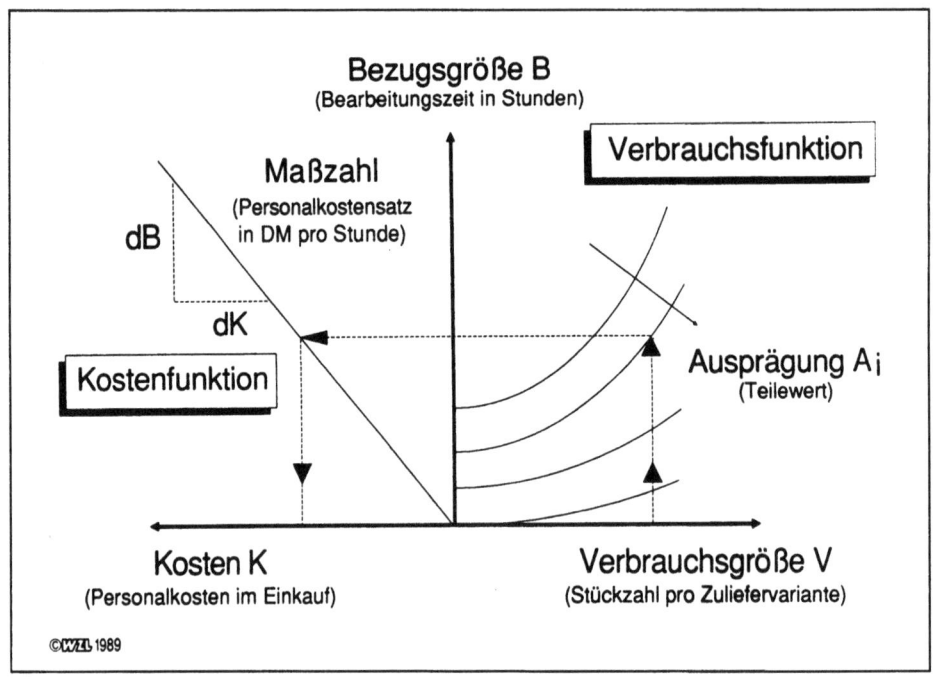

Abbildung 6: Nomogramm mit Verbrauchs- und Kostenfunktion

werden. Der Verbrauch zeigt sich jeweils quantitativ in den geleisteten Bezugsgrößeneinheiten, den Maßeinheiten für das Entstehen von mengenmäßigen Verbrauchs- und damit wertmäßigen Kostenkomponenten. Es ist daher erforderlich, für die einzelnen Funktionen nach individuellen Bezugsgrößen zu suchen, die die Inspruchnahme der Ressourcen jeweils am besten repräsentieren. Diese Inspruchnahme ist von weiteren Einflüssen, wie z. B. von Maschineneinstellparametern oder Losgrößen, abhängig, die als Variablen in die Verbrauchsfunktionen eingehen.

Voraussetzung zur Bestimmung der Bezugsgrößen ist die Kenntnis

- der ausgeführten Funktionen,
- der eingesetzten Produktionsfaktoren und
- der zugehörigen Ressourcenverbrauchsfunktionen.

Bei allen Produktionsfaktoren kommen spezifische Bestimmungsgrößen zur Anwendung. So ist z.B. zur Charakterisierung des Werteverzehrs an Personalressourcen die Qualifikation des Personals zu berücksichtigen, die sich in der Lohn- oder Gehaltsgruppe ausdrückt. Darüber hinaus werden weitere Charakteristika, wie Schichtzulagen, Zuschlagssätze für Mehrmaschinenbedienung oder Leistungsgrad, mitberücksichtigt. Je nach Lohnart (Zeitlohn,

Akkordlohn, Prämienlohn) können noch weitere lohnwirksame Einflüsse auftreten.

Nachdem alle vier Elemente der funktional-differenzierten Kostenrechnung erläutert worden sind, soll nachfolgend deren Anwendung für eine differenzierte Bewertung von FFS an einem Fallbeispiel gezeigt werden[7].

8. Anwendung der funktional-differenzierten Kostenrechnung zur Bewertung flexibler Fertigungssysteme – Fallbeispiel

Die Bewertung von FFS orientiert sich an folgenden Randbedingungen:
- Das FFS bildet eine eigene Kostenstelle. Die vor- und nachgelagerten dispositiven Bereiche sind Bestandteil der Kostenstelle.
- Die Kostenplatzeinteilung orientiert sich an der Anzahl der FFS-Ressourcen.
- Entsprechend der zur Leistungserstellung erforderlichen Funktionen werden zugehörige Verbrauchsfunktionen und Bezugsgrößen definiert.
- Die Herstellkostenermittlung orientiert sich an dem Grundsatz der Summenbildung, d. h. wenn möglich keine multiplikativen Zuschlagssätze.

Bei der herkömmlichen Kostenrechnung werden die Gesamtkosten allein über die Funktion *Bearbeiten* mit der Systembelegungszeit als Bezugsgröße und einem Systemstundensatz auf das Produkt als Kostenträger umgerechnet. Im Gegensatz dazu erlaubt die funktional-differenzierte Kostenrechnung eine Differenzierung der Kostenstelle FFS vorzunehmen. Dem Produkt werden die einzelnen Kostenanteile nach der jeweiligen wertschöpfenden Funktion (Bearbeiten, Transportieren, Lagern, Programmieren, Überwachen etc.) zugerechnet, indem ressourcenspezifische Verbrauchsfunktionen und Bezugsgrößen definiert werden (Abbildung 7).

Hierdurch wird eine verursachungsgerechte Kostenzuweisung je Kostenplatz gewährleistet und eine Kostenkontrolle einzelner Funktionen bei der Produktherstellung möglich.

Zu den vor- und nachgelagerten Bereichen zählen u. a. die Werkzeugvoreinstellung und die Qualitätssicherung. Hier handelt es sich um Funktionen, die räumlich vom FFS beansprucht werden. Der so gebildete Kostenplatz kann aus einer Kombination aus Maschine, Peripherie und Personal bestehen.

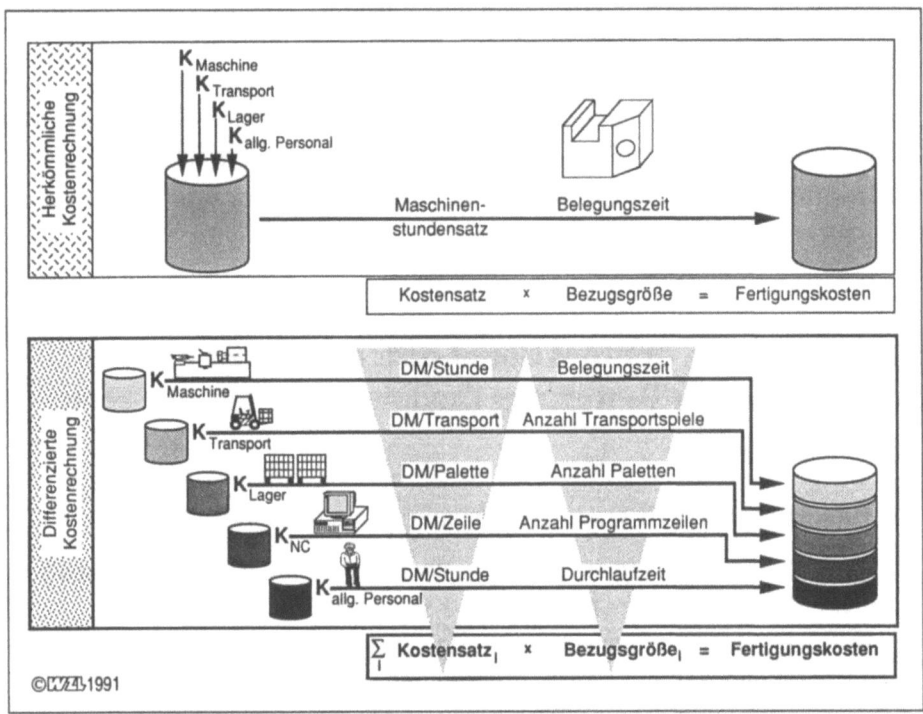

Abbildung 7: Funktional-differenzierte Kostenrechnung

Um eine größere Genauigkeit bei der Kostenkalkulation zu erreichen und um das unterschiedliche Kostenverhalten der einzelnen FFS-Komponenten darstellen zu können, ist eine Differenzierung der Kostenstelle in Kostenplätze bei der Berechnung von Plankosten erforderlich. Diese Platzkostenrechnung wird so durchgeführt, daß für jede FFS-Teilkomponente ein gesonderter Kostensatz gebildet wird.

Eine Kostenstelle „FFS" kann folgende Kostenplatzstruktur haben:

Maschinen:	– unterschiedliche Bearbeitungsmaschinen
Personal:	– FFS-Personal mit unterschiedlicher Lohngruppe
Peripherieeinrichtungen:	– Werkzeugeinsatz
	– Werkzeuglogistik (Werkzeugmanagement)
	– Vorrichtungsverwaltung
	– Informationseinrichtungen
	– Lager (Zwischenlager am FFS)
	– Werkstücklogistik

Vor- und nachgelagerte Bereiche: – Meßstation
- Waschmaschine
- Schweißzelle
- Härtezelle
- Entgratstation etc.

Die Einrichtungen für vor- und nachgelagerte Bereiche können auch als Peripherie verstanden werden, sobald sie räumlich innerhalb des FFS liegen und direkt vom Systempersonal in der Kostenentstehung beeinflußbar sind.

Nach der Bestimmung der FFS-Kostenplätze gilt es, geeignete Bezugsgrößen zu finden. Hierbei müssen folgende Kriterien beachtet werden:

– Die Bezugsgrößen sollten in einer direkten Beziehung zu der Funktion der in Anspruch nehmenden Kostenplätze bzw. zum Kostenträger stehen.
– Für jeden Kostenplatz ist eine separate Bezugsgröße zu erfassen.

In flexiblen Fertigungssystemen ist es aufgrund der hohen informationstechnischen Verknüpfung möglich, die Kostenstellenkosten ausschließlich mit direkten Bezugsgrößen auf die Kostenplätze zu verrechnen.

Bei der Bildung der Bezugsgrößen in einer Kostenstelle für FFS sollte man nach dem Grundsatz verfahren, so wenig Bezugsgrößen wie möglich auszuwählen, um die Bezugsgrößenerfassung wirtschaftlich und einigermaßen übersichtlich zu gestalten, aber so viele Bezugsgrößen wie nötig, um eine verursachungsgerechte Leistungsverrechnung zu ermöglichen. In einem FFS besteht aufgrund der informationstechnischen Integration die Möglichkeit, diese Daten mit geringem Aufwand und einem hohen Detaillierungsgrad zu erhalten.

Den Abschluß bildet die Kostenträgerstückrechnung. Sie hat die Aufgabe, die Herstell- und Selbstkosten pro Erzeugniseinheit oder Auftrag zu bestimmen. Da die Forderung besteht, die Herstellkostenkalkulation nach Funktionen und Kostenplätzen differenziert durchzuführen, wird die Maschinenstundensatzkalkulation eingesetzt. Die Schwachstelle der Zuschlagskalkulation, durch überhöhte Zuschlagssätze dem Verursachungsprinzip zu widersprechen, wird mit Hilfe dieser Platzkostenkalkulation vermieden. Bei dieser Rechnung werden die den einzelnen Kostenplätzen direkt zurechenbaren Kosten aus dem Block der Fertigungsgemeinkosten herausgelöst und den Kostenträgern entsprechend der funktionalen Inanspruchnahme des Produktionsfaktors (= Kostenplatz) zugerechnet. Die verbleibenden Gemeinkosten (Restfertigungsgemeinkosten), die den Kostenplätzen nicht unmittelbar zugerechnet werden können, werden auf die Kostenträger über einen Gemeinkostenzuschlagssatz verrechnet.

Im folgenden wird mit Hilfe des beschriebenen Modells zur differenzierten Kostenbewertung und den genannten Bezugsgrößen eine Vergleichsrechnung für ein Werkstück (Zylinderträger) durchgeführt (Abbildung 8)[11]. Der Arbeitsplan für dieses Werkstück sieht für die Serienfertigung die Bearbeitung auf einem CNC-Bearbeitungszentrum vor.

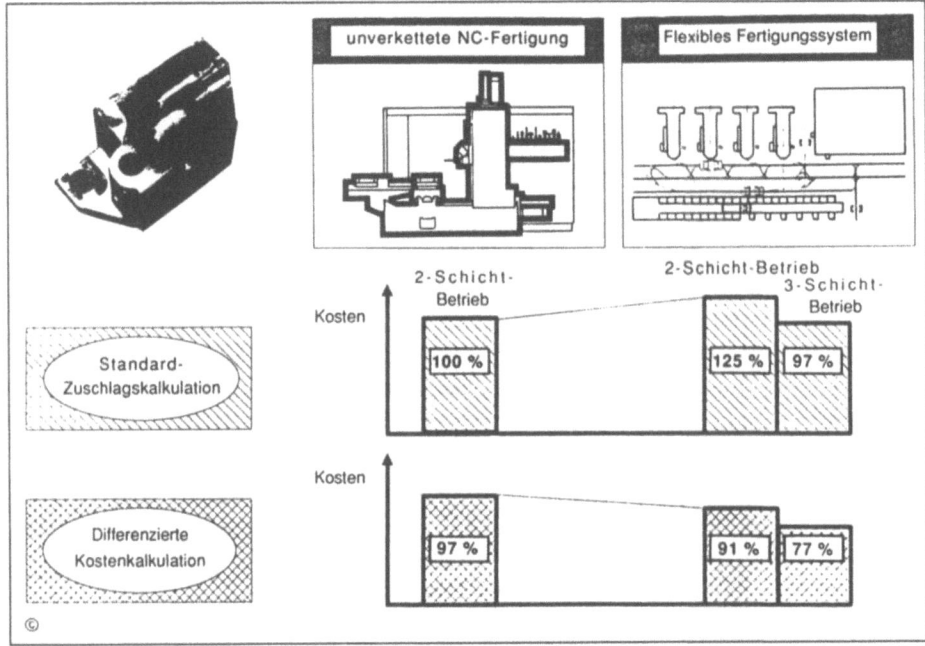

Abbildung 8: Durchlaufzeitorientierte Kostenrechnung (Fallbeispiel)

Für die unverkettete NC-Fertigung ergeben sich bei Standard-Zuschlagskalkulation Stückkosten, die hier zu 100 Prozent gesetzt werden sollen.

Für die Serienfertigung kann auch ein FFS eingesetzt werden, das aus vier Bearbeitungszentren, zwei induktiv geführten Förderfahrzeugen und einem Hochregallager besteht. Das FFS wird dreischichtig und darüber hinaus bis weit in die Wochenenden hinein, fast ohne Personal betrieben. Durch diese intensive Nutzung ergeben sich bei der Standard-Zuschlagskalkulation Stückkosten in Höhe von 97 Prozent, weil die durch verlängerte Nutzungszeiten reduzierten Anlagen-Stundensätze durch die hohen Personal-Schichtzulagen kompensiert werden.

Um eine Vergleichssituation zu schaffen, wird im folgenden mit gleichen Annahmen wie für die unverkettete NC-Fertigung gerechnet. Hierbei ergibt die Standard-Zuschlagskalkulation Stückkosten in Höhe von 125 Prozent.

Unter Verwendung der funktional-differenzierten Kostenrechnung betragen die Stückkosten des betrachteten Werkstücks bei Fertigung im FFS 91 Prozent. Bei differenzierter Rechnung ergeben sich für die unverkettete NC-Fertigung im Vergleich zur Standard-Zuschlagskalkulation Kosten in Höhe von 97 Prozent. Wird das vorgestellte Modell zur differenzierten Bewertung für den erweiterten Dreischichtbetrieb angewendet, so betragen die Stückkosten aufgrund des personalreduzierten Betriebs 77 Prozent im Vergleich zur NC-Fertigung im Zweischichtbetrieb.

9. Zusammenfassung

Wie das Beispiel zeigt, können integrierte Systeme für Zwecke des Verfahrensvergleichs mit Hilfe des Bewertungsmodells behandelt werden. Voraussetzung für die Anwendung derartiger Verfahren ist, daß verursachungsgerechte Kalkulationssätze gebildet und zusätzliche Daten, wie in diesem Fall die Durchlaufzeit, erfaßt werden. Dies verlangt jedoch, sich von klassisch verwendeten Schemata der Kalkulation zu lösen.

Der für den Zweck der Anlagen- und Maschinenauswahl ausgelegte Bewertungsansatz ermöglicht die differenzierte Berücksichtigung der technischen Vor- und Nachteile der verschiedenen Systemkonzepte in der Kostenrechnung. Mit dem Beispiel wurde gezeigt, daß unterschiedliche Kostenrechnungssysteme nicht nur zu unterschiedlichen Bewertungsergebnissen führen, sondern, wie in diesem Beispiel, auch zu einer grundlegend anderen Systemauswahl.

Die nach Funktionen getrennt ausweisbare Kostendarstellung erlaubt es, gezielte Maßnahmen zur Veränderung der Produktionsabläufe einzuleiten.

Auf der Basis dieses Ansatzes wird die Kostenkontrolle einzelner Funktionen an der Produkterstellung möglich. Bei einem FFS lassen sich damit Maßnahmen zur Revision der Anlagenkonfiguration ableiten. In diesem Sinne kann eine verursachungsgerechte Kostenrechnung als Analyseinstrument verstanden werden, mit dem unwirtschaftliche Komponenten zu identifizieren sind.

Anmerkungen

1 Kiesewetter, S.A.; Dörken, T.P.; Melchert, M.; Skudelny, Ch.: Fachgebiete in Jahresübersichten: Flexible Fertigung. VDI-Z 133 (1991), Nr. 8, S. 58-75.
2 Eversheim, W.; Schmidt, H.; Erkes, K.: Wirtschaftliche Bewertung komplexer Produktionssysteme, VDI-Z 129 (1987), Nr. 8, S. 18-23.
3 Horváth, P.: Aktuelle Probleme des Rechnungswesens infolge neuer Fertigungsstechnologien. 5. Stuttgarter Unternehmensgespräch, 29.10.1985.
4 Pötsch, H.D.: Analyse der Wirtschaftlichkeit bei Auswahl und Einsatz flexibler Fertigungssysteme, in: Wirtschaftlichkeit neuer Produktions- und Informationstechnologien. Tagungsband Stuttgart, Controller-Forum, 14.-15.09.1988, Hrsg.: P. Horváth, S. 121-142.
5 Küpper, H.-U.: Der Bedarf an Kosten- und Leistungsinformationen in Industrieunternehmen – Ergebnisse einer empirischen Erhebung. KRP (1983) Nr. 2, S. 169-181.
6 Eversheim, W.; Schönheit, M.: Untersuchung der Kostenstrukturen flexibel automatisierter Fertigungseinrichtungen und Entwicklung neuer Methoden der Wirtschaftlichkeitsrechnung in Klein- und Mittelbetrieben. Abschlußbericht zum FKW-Forschungsvorhaben Nr. 112, Heft 151, Aachen, 1990.
7 Rechnerintegrierte Konstruktion und Produktion, Bd. 4: Flexible Fertigung (FFS). Hrsg.: VDI-Gemeinschaftsausschuß CIM, VDI-Verlag, Düsseldorf, 1990.
8 Haberstock, L.: Kostenrechnung I. 8. Auflage, S+W Steuer- und Wirtschafts-Verlag, Hamburg, 1987.
9 Müller, U.: Planung einer wirtschaftlichen Qualitäts- und Funktionsüberwachung in der Einzel- und Serienfertigung. VDI-Fortschrittsberichte, Reihe 2, Nr. 73, VDI-Verlag, Düsseldorf, 1984.
10 Eversheim, W.; Barg, A.; Becker, T.: Entwicklung eines Systems zur Investitionsplanung für personalreduzierte Zusatzschichten unter besonderer Berücksichtigung der Überwachung von Prozeß, Werkzeugmaschine und Qualität. Abschlußbericht zum DFG-Forschungsvorhaben EV 10/50-1, Aachen, 1987.
11 Autorenkollektiv: Integrierte Systeme im wirtschaftlichen und sozialen Umfeld, in: Produktionstechnik auf dem Weg zu integrierten Systemen. Hrsg.: AWK Aachner Werkzeugmaschinen Kolloquium, VDI-Verlag, Düsseldorf, 1987.
12 Ziegler, H.: Immaterielle Leistungen – eine Herausforderung für Theorie und Praxis. zfbf 34 (1982), Nr. 8/9, S. 816-825.
13 Weber, J.: Kostenrechnung als Controllinginstrument. KRP (1985) Sonderheft, S. 23-31.
14 Autorenkollektiv: Organisationskonzepte für die Produktionstechnik von morgen, in: Produktionstechnik auf dem Weg zu integrierten Systemen. Hrsg.: AWK Aachner Werkzeugmaschinen Kolloquium, VDI-Verlag, Düsseldorf, 1987.
15 Olfert, K.: Kostenrechnung. 5. Auflage, Friedrich Kiehl-Verlag, Ludwigshafen (Rhein), 1983.
16 Hummel, S.; Männel, W.: Kostenrechnung 2 – Moderne Verfahren und Systeme. 3. Auflage, Gabler-Verlag, Wiesbaden, 1983.
17 Eversheim, W.; Binding, J.; Sossenheimer, K.H.: Rationalisierung der Fertigung von Klein- und Mittelbetrieben der blechverarbeitenden Industrie. AIF-Abschlußbericht zum Forschungsvorhaben S. 124, Aachen 1987.
18 N.N.: Beurteilung und Auswahl komplexer Systeme. VDMA Nachrichten (1987) Nr. 5, S. 39-40 und Nr. 6, S. 43-44.
19 Haun, P.: Entscheidungsorientiertes Rechnungswesen mit Daten- und Methodenbanken. Springer-Verlag, Berlin, 1987.
20 Mertens, P.; Haun, P.: Erfahrungen mit einem Prototyp des daten- und methodenbankgestützten Rechnungswesens, in: Rechnungswesen und EDV. 7. Saarbrücker Arbeitstagung, Hrsg.: Kilger, W.; Scheer, A.-W., Physica-Verlag, Würzburg, 1986.
21 Platt, J.: Kostenanalyse bei flexibel automatisierten Fertigungssystemen. Hrsg.: H. Wildemann, gmft, Passau, 1987.

22 Wildemann, H.: Investitionsplanung und Wirtschaftlichkeitsrechnung für flexible Fertigungssysteme (FFS). Schäffer-Verlag, Stuttgart, 1987.
23 Bröll, T.: Rechnerunterstützung in Entwicklung, Konstruktion und Produktion – Auswirkungen auf Kostenstrukturen und Kostenrechnungssysteme. Controlling-Forschungsbericht Nr. 86/2, Stuttgart, 1986.
24 Miller, J.G.; Vollmann, T.E.: The Hidden Factory. Harvard Business Review, 63. Jg. (1985) Nr. 5, S. 142-150.
25 Brimson, J.: Overview of the CAM-I Cost Management Conceptual Design, in: Proceedings of Symposium on CAM-I Cost Management System Project. Nizza, 1986.
26 Schmidt, H.: Konzeption eines Kostenmodells für integrierte Systeme, gezeigt am Beispiel flexibler Fertigungssysteme. VDI-Fortschrittsberichte, Reihe 20, Nr. 10, VDI-Verlag, Düsseldorf, 1989.
27 Weber, J.: Logistikkostenrechnung durch Ausnutzung neuer EDV-Systeme (BDE, CAM), in: 8. Saarbrücker Arbeitstagung. Hrsg.: Scheer, A.-W., Physica-Verlag, Heidelberg, 1987.
28 Autorenkollektiv: Rationelle Montage von Produktvarianten. Vorträge anläßlich des Aachner Werkzeugmaschinen Kolloquiums (AWK), Aachen 1984.
29 Eidenmüller, B.: Auswirkungen neuer Technologien auf die Arbeitsorganisation. FB/IE 36 (1987) Nr. 1, S. 4-8.
30 Horváth, P.: Aktuelle Probleme des Rechnungswesens infolge neuer Fertigungstechnologien, in: Veränderte Fertigungstechnologie und Unternehmensführung. 5. Stuttgarter Unternehmergespräch, Stuttgart 1985.
31 Johnson, H.T.; Kaplan, R.S.: Relevance Lost – The Rise and Fall of Management Accounting, Boston, 1987.
32 Cooper, R.; Kaplan, R.S.: Measure Costs Right: Make the Right Decisions. Harvard Business Review, 66. Jg. (1988) Nr. 9-10, S. 96-103.
33 Horváth, P.; Mayer, R.: Prozeßkostenrechnung – Der neue Weg zu mehr Kostentransparenz und wirkungsvolleren Unternehmensstrategien. Controlling 4, 1989, S. 214-219.
34 Horváth, P.; Renner, A.: Prozeßkostenrechnung – Konzept, Realisierungsschritte und erste Erfahrungen. FB/IE 3 (1990), S. 100-107.
35 Fröhling, O.: Prozeßkostenrechnung – System mit Zukunft? io-Management-Zeitschrift 58.Jg. (1989), Nr. 10, S. 67-69.
36 Fröhling, O.: Prozeßkostenrechnung – Verfahren zur Gemeinkostensteuerung. DBW 50. Jg. (1990), Nr. 4, S. 553-555.
37 Schuh, G.; Brandstetter, H.; Groos, P.: Grenzen der Prozeßkostenrechnung. Technische Rundschau, 84. Jg. (1992), Nr. 23, S. 46-50.
38 Franz, K.-P.: Die Prozeßkostenrechnung im Vergleich mit der Grenzplankosten- und der Deckungsbeitragsrechnung, in: Strategieunterstützung durch das Controlling: Revolution im Rechnungswesen? Hrsg.: P. Horváth, Stuttgart, 1990.
39 Pfohl, H.-C.; Stölzle, W.: Anwendungsbedingungen, Verfahren und Beurteilung der Prozeßkostenrechnung in industriellen Unternehmen. ZfB, 61. Jg. (1991), Nr. 11, S. 1281-1305.
40 Coenenberg, A.; Fischer, T.: Prozeßkostenrechnung – Strategische Neuorientierung in der Kostenrechnung. DBW, 51. Jg. (1991), S. 21-38.
41 Lohmann, U.: Prozeßkostenrechnung – ein Erfahrungsbericht. Controller Magazin (1991) Nr. 5, S. 265-275.
42 Schuh, G.: Gestaltung und Bewertung von Produktvarianten – Ein Beitrag zur systematischen Planung von Serienprodukten. VDI-Fortschrittsberichte, Reihe 2, Nr. 177, VDI-Verlag, Düsseldorf, 1989.

Organisatorische Integration von Flexiblen Fertigungssystemen durch CIM und Logistik

Von Prof. Dr. Jörg Becker und
Dipl.-Kfm. Michael Rosemann, Münster

Inhaltsübersicht

1. Ausprägungen der flexiblen Automatisierung

2. Gruppentechnologie und FFS-Einsatz

3. Neugestaltung der Funktionen und Daten

4. CIM und Logistik als fokussierende Sichten betrieblicher Abläufe
   4.1   Materialflußtechnische Synchronisation
   4.2   Informationsflußtechnische Integration

5. Integration des FFS in das betriebliche Umfeld durch CIM und Logistik

Literaturverzeichnis

1. Ausprägungen der flexiblen Automatisierung

Den Marktforderungen nach einem variantenreichen und qualitativ anspruchsvollen Produktspektrum, das in kurzer Lieferzeit termingetreu zur Verfügung zu stellen ist, steht gleichzeitig auf betrieblicher Seite ein hoher Kostensenkungsdruck entgegen. Daraus läßt sich die Notwendigkeit einer ebenso flexiblen wie produktiven Fertigung ableiten. Dieser können konventionelle Fertigungsstrukturen wie Werkstatt- oder Fließfertigung aber nur eingeschränkt gerecht werden, da hierbei die Ziele Flexibilität und Produktivität nicht im verlangten harmonischen Verhältnis, sondern konfliktär zueinander stehen.

Werkstattfertigung impliziert durch die Verwendung von Universalmaschinen zwar die notwendige Fertigungsflexibilität, jedoch sind die nach dem Verrichtungsprinzip angeordneten Betriebsmittel und der sie verbindende Materialfluß nicht ausreichend genug automatisiert, um die Durchlaufzeiten anforderungsgerecht zu reduzieren. Kleinere Losgrößen erhöhen die unproduktiven Rüstzeiten an den einzelnen Betriebsmitteln und die Belastung jeder Produkteinheit mit Rüstkosten. Aufgrund der geringen Möglichkeit zur Ablaufstandardisierung entfällt der Großteil der Durchlaufzeit auf Liegezeiten, so daß sich eine niedrige Produktivität der Ausführung ergibt.

In flußorientierten Strukturen ist unter Einsatz von Spezialmaschinen in der Regel ein hoher Automatisierungsgrad, der sich in hoher Fertigungszeitproduktivität ausdrückt, erreicht. Jedoch fehlt es hier an der Produktionsflexibilität, um Anpassungen an veränderte Produktanforderungen fertigungstechnisch kurzfristig vollziehen zu können.

Verbesserungspotential innerhalb der Fertigung wird einerseits in einer Reduktion der Komplexität organisatorischer Abläufe gesehen (Stichwort: *lean production*), andererseits sind aber auch die Fortschritte innerhalb der *flexiblen Automatisierung* oft noch nicht genügend in die Fertigungsprozesse implementiert.

Zur Automatisierung der Werkstattfertigung bzw. zur Flexibilisierung der Fließfertigung existieren verschiedene, numerisch gesteuerte Fertigungskonzepte, die von der CNC-Maschine bis zum Flexiblen Fertigungssystem reichen. Erst sie bewirken durch ihren überwachungsarmen Betrieb und die schnelle Durchführung von Rüstvorgängen eine teilweise Auflösung des Zielkonflikts von Flexibilität und Produktivität.[1]

Basisbaustein aller Ausprägungen der flexiblen Automatisierung ist die CNCgesteuerte Maschine. Sie zeichnet sich dadurch aus, daß zwischen unterschiedlichen Bearbeitungen nicht manuell umgerüstet werden muß, sondern daß die Maschine durch eine numerische Steuerung ihre Anweisungen erhält. Die nächste Stufe der flexiblen Automatisierung ist das Bearbeitungszentrum, bei dem eine CNC-Maschine mit einem automatischen Werkzeugwechsler versehen wird. Dadurch wird es möglich, daß in einer Aufspannung mehrere Bearbeitungen (z. B. Bohren und Fräsen mit unterschiedlichen Werkzeugen) durchgeführt werden können. Die folgende Stufe bildet die Flexible Fertigungszelle. Sie besteht aus einem Bearbeitungszentrum mit einer automatischen Werkstückzufuhr, d. h. hier können unterschiedliche Teile nacheinander unterschiedliche Bearbeitungen erfahren.

Die höchste Stufe der flexiblen Automatisierung bildet das Flexible Fertigungssystem (FFS), bei dem mehrere Fertigungszellen durch Außenverkettung miteinander verbunden werden. Außenverkettung bedeutet, daß der Weg, den das Werkstück durch die Fertigung nimmt, nicht von vornherein vorbestimmt ist, sondern von Werkstück zu Werkstück variieren kann. Als Transportmittel werden hierbei neben schienengebundenen Systemen und Förderketten induktiv gesteuerte Fahrzeuge eingesetzt. Damit sind Flexible Fertigungssysteme die automatisierte Produktionstechnologie mit der höchsten Durchlauffreizügigkeit, d. h. dem größten Freiheitsgrad bei der Festlegung der Abarbeitungsreihenfolge für ein gegebenes Werkstückspektrum.

Die systeminterne Werkstück- und Werkzeugversorgung innerhalb eines FFS ist sehr spezifisch und kann unterschiedlichste Ausgestaltungsformen annehmen.[2] Hinsichtlich der Werkstückversorgung wird unterschieden in halbautomatische (manuelles Auf- und Abspannen der Werkstücke, automatischer Palettentransport) und vollautomatische Konzepte (automatische Vorrichtungsbestückung am Spannplatz oder direkt an der Maschine). Das Toolmanagement kann manuell oder in unterschiedlichen Ausprägungen halb- bzw. vollautomatisch (bspw. Werkzeugkassetten, Trommel-, Stern- oder Kettenmagazine) erfolgen.

2. Gruppentechnologie und FFS-Einsatz

Mit dem Einsatz eines FFS, dem unter anderem immer auch das Ziel der kompletten Teilebearbeitung zugrunde liegt, ist eine Objektorientierung in der Produktion verbunden. Damit sind Flexible Fertigungssysteme in enger Verbindung mit *gruppentechnologischen*[3] Überlegungen zu sehen, die sich durch vier Prinzipien charakterisieren lassen:

- Zusammenfassung fertigungsähnlicher Teile zu Teilefamilien,
- objektorientierte Betriebsmittelanordnung,
- Arbeitserweiterung durch Bildung einer Arbeitsgruppe,
- Aufgabendelegation in die Arbeitsgruppe.

Im folgenden sollen nur die ersten beiden Prizipien behandelt werden. Diese zerfallen aufgrund der technischen Auslegung eines FFS in eine strategische und in eine operative Aufgabe. Langfristig-strategisch ist festzulegen, welches Teilespektrum, d. h. welche Produktgruppe auf einem FFS in Gruppenfertigung zu produzieren ist. Interdependent zu dieser Aufgabe ist die Investitionsplanung für die FFS-Konfiguration, da einerseits der Umfang der Produktgruppe eine wesentliche Determinante für die geforderte Flexibilität der Anlage ist. Zum anderen bestimmt die Auslegung des FFS Parameter wie die Stückkosten oder die Durchlaufzeit der zu fertigenden Produkte und damit wiederum die Produktgruppendefinition. Die kurzfristigere, operative Planungsaufgabe besteht darin, die Produktgruppe in disjunkte, fertigungsähnliche Teilefamilien zu zerlegen und simultan dazu die notwendige Zuteilung der Werkzeuge zu Magazinierungsplätzen vorzunehmen.

Relevant für die *strategische* Aufgabe der Systemkonfiguration sind folgende Charakteristika der Werkstücke:

- Arbeitsoperationen
- Jahresstückzahl
- Losgröße
- Bearbeitungszeiten
- benötigte Werkzeuge
- Werkstoffeigenschaften, Abmessungen, Gewicht, etc.

Dabei stehen die Attribute Arbeitsoperationen, Stückzahl, Losgröße und Bearbeitungszeiten in engem Zusammenhang bezüglich ihrer Konsequenzen für die Systemauslegung. Entscheidend ist letztendlich, welche Arbeitsoperationen welche Kapazitätsnachfrage in einer Planungsperiode erfahren. Daraus ist grob zu entnehmen, in welchem (redundanten) Ausmaß welche Arbeitsoperationen zu installieren sind. Aus ihrer Einbettung in die Arbeitspläne sind Gestaltungsrichtlinien für die Konzeption der Betriebsmittelanordnung und des sie verbindenden Materialflußsystems abzuleiten.

Erstreckt sich eine relativ hohe Nachfrage nach einer Bearbeitungsfunktion über eine lange Produktlebensdauer, ist vor allem eine produktive Arbeitsausführung gefordert. In diesem Fall kommen die Kostendegressionsvorteile einer Spezialmaschine zumeist besser zum Tragen. Gleichwohl kann der FFS-Einsatz z. B. in der Produktanlauf- und – auslaufphase sowie zur Befriedigung des Spitzenbedarfs erfolgen.⁴ Im Gegenzug erfordern kleine Losgrößen u. U. ein kostspieliges Wiedereinfahren von Vorrichtungen sowie eine aufwendige Programmierung der Betriebsmittel, d. h. es steht die Flexibilität der Anlage im Vordergrund. Das Vorteilsfeld Flexibler Fertigungssysteme liegt demnach tendenziell bei mittleren Losgrößen, bei denen Produktivität und Flexibilität für eine kostengünstige Produktionsdurchführung gleichermaßen relevant sind.

Kumuliert man die Werkzeuganforderungen des potentiell auf dem FFS zu fertigenden Teilespektrums, wird der qualitative Umfang des Werkzeugbestands determiniert. Das quantitative Ausmaß der notwendigen Redundanz innerhalb dieses Werkzeugbestands hängt hingegen wesentlich von der operativen Planung der Teilefamilienbildung, der Magazinierung sowie der Belegung ab.

Schließlich existiert eine Reihe eher technischer Werkstückmerkmale wie verwendeter Werkstoff und dessen Zerspaneigenschaften oder Abmessungen und Gewicht des Werkstücks, die für die Auslegung des Handhabungs- und Transportsystems bedeutsam sind.

Jedoch ist nicht nur das ausgewählte Teilespektrum für die Systemkonfiguration relevant, sondern umgekehrt hat auch die Auslegung des FFS unmittelbare Bedeutung für die Produktgruppenbestimmung. Beide Planungsprobleme sind mithin interdependent.

Die Bedeutung der FFS-Konzeption für die zu fertigenden Produkte hängt davon ab, ob diese alternativ auf anderen Betriebsmitteln des Unternehmens oder ausschließlich auf dem FFS produziert werden können. Besitzt das Unternehmen ein alternatives Betriebsmittel, so sind die durch ein FFS zu erreichenden Reduzierungen der Stückkosten und der Produktionsgeschwindigkeit den Werten bei konventioneller Fertigung gegenüberzustellen und der Produktgruppenplanung zugrunde zu legen. Außerdem sind die zusätzlichen Erlöse zu berücksichtigen, die durch Belegung der an den konventionellen Maschinen durch Umschichtung auf das FFS freiwerdenden Kapazitäten entstehen. Letzteres gilt auch für den Fall, daß das FFS zur ausschließlichen Produktion von ehemals auf anderen Betriebsmitteln gefertigten Teilen dienen soll. Für die Bestimmung der auf dem FFS zu fertigenden Produktgruppe sind zudem die aus der technischen Auslegung des FFS abzuleitenden Restriktionen hinsichtlich Handhabungseigenschaft, Abmessung oder Gewicht des Produktes zu beachten.

Die Investitionsrechnung wird durch Flexible Fertigungssysteme mit erheblichen Bewertungsproblemen konfrontiert. Diese ergeben sich insbesondere aus der schwierigen Quantifizierung des optimalen Flexibilitätspotentials, da die

Einzahlungskomponenten der Zahlungsreihe des Investitionsobjekts sich hinsichtlich wertmäßigem und zeitlichem Anfall nicht hinreichend genau genug präzisieren lassen.[5] Ähnlich problematisch ist die Ermittlung der Konsequenzen des FFS auf vor- und nachgelagerte Bereiche und die Bewertung der durch den FFS-Einsatz erzielbaren und auf neue Produkte übertragbaren Erfahrungswerte. Außerdem sind Flexible Fertigungssysteme außerordentlich vielfältig gestaltbar. Die Auswirkungen jeder einzelnen Konfiguration auf die Bestimmung der Produktgruppe müssen untersucht und einzeln bewertet werden, wodurch das Planungsvolumen erheblich ansteigt.

Mit Abschluß der strategischen Planung der Gruppentechnologie stehen die grobe FFS-Auslegung sowie das Teilespektrum, das auf dem FFS zu fertigen ist, fest. Im Sinne einer Aufwärtskompatibilität (Entwicklungsflexibilität) des FFS sind durch einen modularen Systemaufbau und das Vorhalten einer „Überflexibilität" hinsichtlich des gegenwärtig ausgewählten Teilespektrums auch die Anforderungen zukünftiger Teile zu berücksichtigen.

Neue *operative* Planungskreise entstehen mit der interdependenten Problematik der Magazinierungs- und *Teilefamilienplanung*.[6] Letztere definiert, welche Produkte aufgrund fertigungstechnischer Ähnlichkeit mit der gleichen Werkzeugmagazinierung – und damit ohne wesentliche Unterbrechung durch Rüstzeiten – bearbeitet werden sollen. Die Teilefamilienbildung erweitert durch Beeinflussung der Parameter Rüstzeiten bzw. -kosten und Fertigungszeiten das Losgrößenproblem. Die für den Magazinwechsel anfallenden Rüstkosten stellen dabei Gemeinkosten für alle Produkte der Teilefamilie dar. Hinsichtlich der Losgröße in FFS ist es zudem interessant hervorzuheben, daß die lange postulierte „wirtschaftliche Losgröße 1" selten anzutreffen ist.[7] Des weiteren ist bezüglich der Losgröße zwischen rotationssymmetrischen und prismatischen Teilen zu differenzieren.[8] Prismatische Teile werden wegen ihrer geometrischen Vielfalt in der Regel manuell mit Spannvorrichtungen auf werkstückunabhängigen, normierten Paletten positioniert. Aufgrund der hohen Kosten für die oft werkstückspezifischen Vorrichtungen werden sie zumeist einzeln durch das System gesteuert. Rotationssymmetrische Teile stellen hingegen geringere Flexibilitätsanforderungen. Sie werden in speziellen Magazinpaletten abgelegt, derart maschinennah bereitgestellt und im Sammeltransport befördert. Die Aufspannung der Werkstücke geschieht erst direkt in der Maschine, so daß eine losweise Fertigung begünstigt wird.

Die Zuordnung von Werkzeugen zu Magazinen ist Aufgabe der *Magazinierungsplanung*. In Flexiblen Fertigungssystemen liegt grundsätzlich eine Konzeption sich zumindest teilweise ersetzender Maschinen vor. Damit besteht ein weiterer Freiheitsgrad dieser Planungsaufgabe in der Zuweisung von Werkzeugen bzw. Magazinen zu verschiedenen Maschinen. Es wird unterschieden zwischen ergänzender Magazinierung – für jedes benötigte Werkzeug ist genau ein Werkzeugplatz vorhanden – und ersetzender Magazinierung – über die benötigten Werkzeugplätze hinaus sind noch weitere Magazinierungsplätze mit Werkzeugen bestückbar. Bei ersetzender Magazinierung ist somit die Festlegung, in welchem Ausmaß welche Werkzeuge redundant gehalten werden, eine weitere Variable der Magazinierungsplanung.

Somit bestehen folgende Freiheitsgrade bzw. Entscheidungsspielräume:
– Zuordnung von Werkzeugen zu Maschinen,
– Zuordnung von Werkzeugen zu Magazinen,
– Zuordnung von Werkzeugen zu Teilefamilien,
– Zuordnung von Magazinen zu Maschinen

(und natürlich weitere wie die Zuordnung von Teilefamilien zu Maschinen).
Die Interdependenz zwischen der Teilefamilienplanung und der Magazinierungsplanung ergibt sich durch wechselseitigen Informationsbedarf:[9] Grundla-

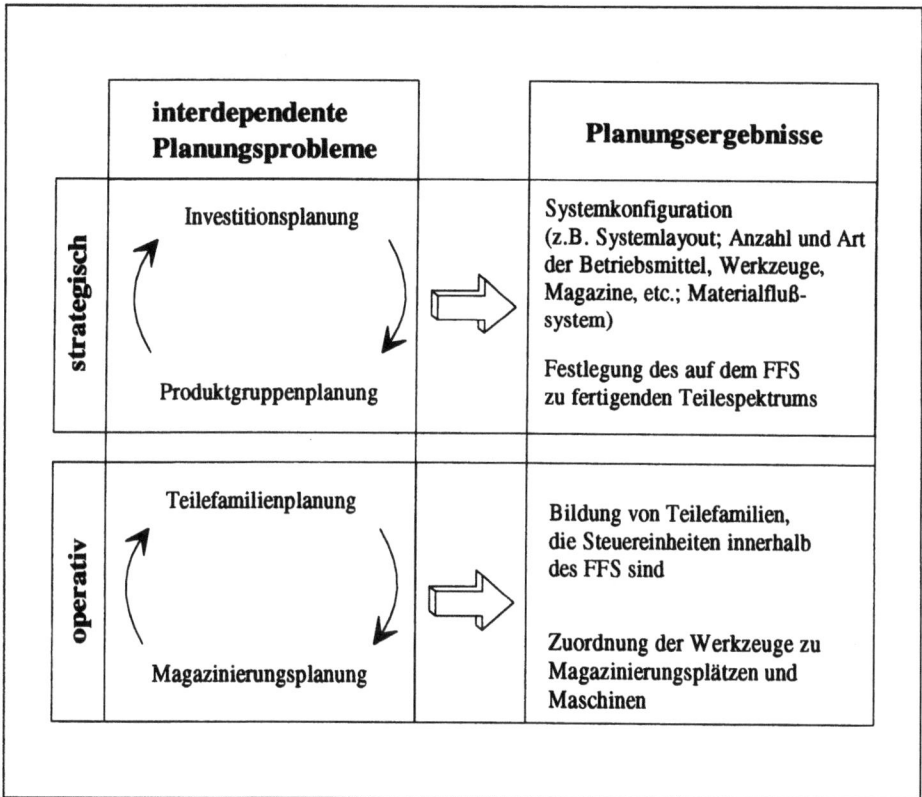

Abbildung 1: Gruppentechnologische Planungsprobleme

ge der Teilefamilienplanung sind die erst mit der Magazinierungsplanung determinierten Rüstzeiten bzw. -kosten sowie die Fertigungszeiten je Teilefamilienlos. Andererseits beruht die Magazinierungsplanung auf der mit abgeschlossener Teilefamilienbildung erfolgten Festlegung, welche Werkzeuge von einer Teilefamilie benötigt und wie oft dabei einzelne Arbeitsoperationen durchgeführt werden.

Die Planungsinhalte und -ergebnisse der strategischen und der operativen Gruppentechnologieplanung sind in Abbildung 1 zusammenfassend dargestellt.

3. Neugestaltung der Funktionen und Daten

Die automatisierte Auslegung eines Flexiblen Fertigungssystems führt zu einer Ausdünnung der PPS-Funktionalitäten im Bereich der Produktionssteuerung, an dessen Stelle die technische Prozeßsteuerung tritt. Eine Erweiterung erfahren PPS-Systeme durch die Aufgabe der koordinativen Einbindung des FFS in die Produktionsumgebung. Diese geänderten Funktionsanforderungen haben unmittelbaren Einfluß auf die Datenstrukturierung.

Aus *funktioneller* Betrachtung wird neben den oben genannten neuen Aufgaben der Teilefamilien- und Magazinierungsplanung die *Ablaufplanung* am umfassensten erweitert. Einerseits bedingt die Beschränkung menschlicher Eingriffe auf Auf-, Um- und Abspannungsvorgänge einen automatisierten Fertigungs- und Transportablauf, der insbesondere auch in bedienerarmen Nachtschichten stabil sein muß. Andererseits eröffnet die anlagetechnisch vorhandene Flexibilität derart viele Freiheitsgrade, daß ein menschlicher Disponent quantitativ und qualitativ überfordert wäre. Beispielsweise bestehen für ein zu fertigendes Teil im Regelfall alternative Abläufe (variable routing) durch den Einsatz sich ersetzender Maschinen, wobei aber stets zu beachten ist, daß die alternative Steuereinheit auch in dem relevanten Zeitpunkt als ersetzend betrachtet werden kann (s. Rüstzustand, aktuelle Belegung). Auch ist die Beplanung nur einer Ressource, zumeist der Betriebsmittelkapazitäten, bei einem FFS kritisch, da nunmehr auch Vorrichtungen, NC-Programme, Werkzeuge oder Transporteinheiten zu Engpässen werden können. Mithin ist die Verfügbarkeitsprüfung auszudehnen bzw. die Belegungsplanung z. B. auch für Spannplätze oder Transporteinheiten zu betreiben. Schließlich wird durch die Fertigung im Auftragsmix sowie die aufgrund der hohen Umrüstflexibilität eines FFS abnehmende optimale Losgröße die Anzahl an Planungseinheiten je Zeiteinheit gleich zweifach vergrößert.

Mit dem Einsatz eines FFS ändert sich auch die Aufgabenstellung für frühe Phasen des Produktentstehungsprozesses. So ist es im Sinne einer *fertigungsgerechten Konstruktion* notwendig, die Ausführung der automatischen Spann-, Handhabungs-, Bearbeitungs- und Transportfunktionen durch z. B. Spannlaschen oder Greifflächen am Teil zu unterstützen. Gleichsam gilt es, die Ansprüche eines Produkts an Werkzeuge, Vorrichtungen etc. frühzeitig durch entsprechende konstruktive Maßnahmen zu beschränken bzw. zu standardisieren, um so zu verhindern, daß daraus resultierende Restriktionen das maximal zu fertigende Werkstückspektrum einengen.[10]

Die aufgezeigten, komplexitätssteigernden Funktionserweiterungen können nur dann in ein Planungs- und Steuerungsverfahren integriert werden, wenn die zugrundeliegende *Datenbasis* – und damit die gesamte Organisation der Produktionsplanung – entsprechend modifiziert wird. Insbesondere gilt es, zwei wesentliche Planungsgrundlagen neu zu organisieren: Stücklisten und Arbeitspläne.

Betrachten wir zunächst die *Stücklisten*: In der traditionellen Werkstattfertigung ist die Stückliste tief gegliedert, da nach einem oder nach wenigen Arbeitsgängen ein Werkstück eine Werkstatt verläßt, möglicherweise eingelagert wird und als Teil identifizierbar sein muß. Ihm ist also eine eigene Teilenummer zuzuordnen. Daraus folgt, daß viele Teile definiert werden und die Arbeitspläne (als Beschreibung des Übergangs zwischen zwei definierten Teilen) nicht sehr umfangreich sind. Es ergibt sich die in Abbildung 2a) aufgeführte Struktur.

Bringt man einen Zwangsablauf in die Fertigung, der eine Reihe von Arbeitsgängen für ein Werkstück hintereinanderschaltet, ohne daß dies die Arbeitsfolge verlassen kann, verringert sich die Anzahl der Stufen in der Stückliste. Pro Arbeitsplan müssen aber entsprechend mehrere Arbeitsgänge festgehalten werden. Die Struktur aus Abbildung 2b) gibt dies treffend wieder.

Bei Einsatz eines Flexiblen Fertigungssystems werden mehrere Arbeitsgänge innerhalb des FFS durchgeführt. Diese werden durch ein oder mehrere NC-Programme beschrieben. Innerhalb des Arbeitsplans („Teil komplett fertigen") ist auf diese Steuerprogramme lediglich noch zu verweisen (Abbildung 2c). Damit hat die Gliederungstiefe der Stückliste erheblich abgenommen. In konkreten Projekten konnte durch den Einsatz von FFS eine Reduzierung der Stücklistentiefe zum Teil bis auf ein Viertel der ursprünglichen Ebenen erreicht werden.

Dies hat – wie weiter unten beschrieben – erhebliche Auswirkungen auf die Komplexität der PPS-Systeme. Nahmen die traditionellen, monolithischen PPS-Systeme für sich in Anspruch, den gesamten Planungskomplex von der

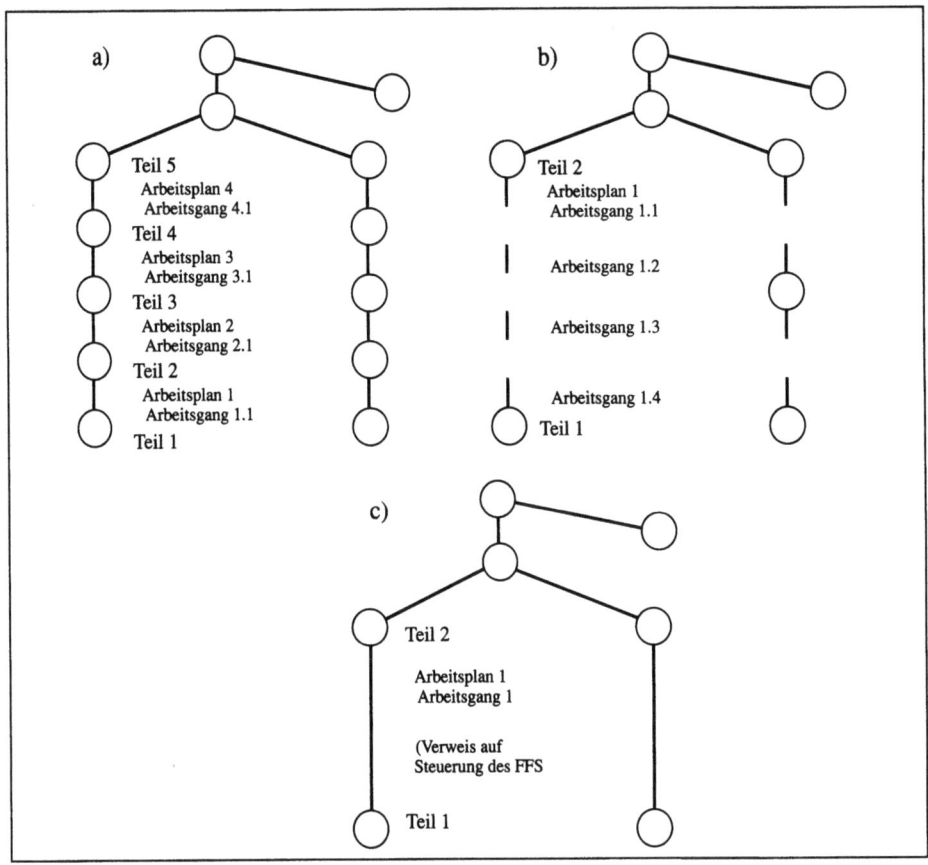

Abbildung 2: Stückliste in traditioneller Fertigung (a), in Fertigung mit Zwangsablauf (b), im FFS (c)

mittel- und langfristigen Produktionsplanung bis zur kurzfristigen, minutengenauen Steuerung der Maschinen beherrschen zu können, geht heute die Entwicklung zu hierarchisch organisierten Systemen. Diese Entwicklung wird von Flexiblen Fertigungssystemen, die intern nahezu autark arbeiten, sehr stark unterstützt. Die Produktionsplanung arbeitet mit aggregierten Daten, die Fertigungssteuerung basiert auf „atomistischen" Daten. Damit wird die Komplexität der Einzelsysteme (Planung und Steuerung) und die Gesamtkomplexität geringer, da die Koordination der Einzelsysteme wegen der überschaubaren Schnittstellen (s.u.) weit weniger aufwendig ist als die bisherige Integration aller Planungsstufen.

Der Einfluß des FFS auf die Ausgestaltung der *Arbeitspläne* beruht zum einen auf der Automatisierung der Rüst-, Bearbeitungs- und Transportabläufe und zum anderen auf der hohen Variabilität der möglichen Bearbeitungsabfolgen (Abbildung 3).

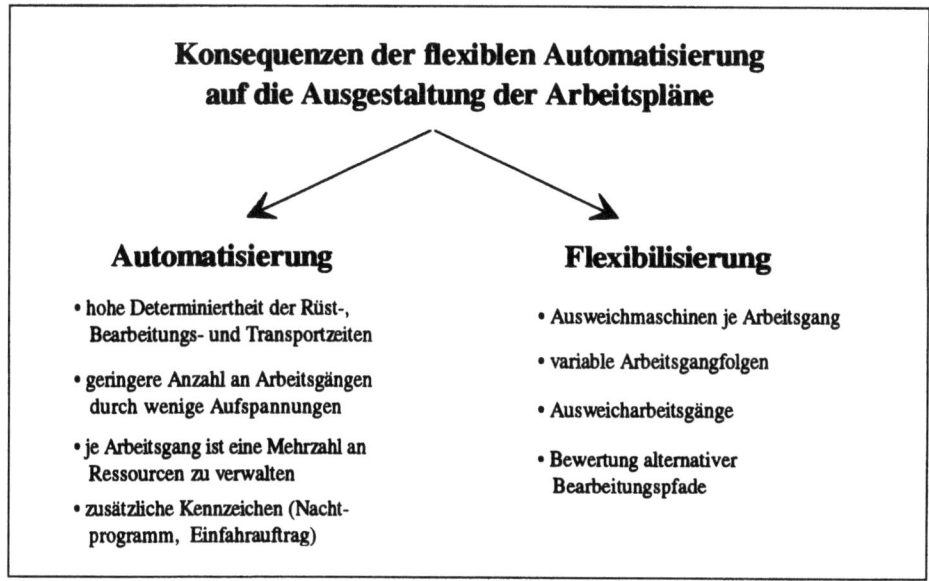

Abbildung 3: Arbeitsplanung bei flexibler Automatisierung

Der weitgehend von menschlichen Eingriffen entkoppelte, automatisierte Fertigungsablauf vereinfacht die Aufgabe der Arbeitsplanung zweifach:

Die Varianz der Rüst-, Bearbeitungs- und Transportzeiten je Betriebs- bzw. Transportmittel sinkt durch die konstante Wiederholbarkeit technischer Prozesse.[11] Damit steigt die Genauigkeit der Planungsgrundlage für die Zeitwirtschaft. Außerdem reduziert sich die Interdependenz zur Personaleinsatzplanung, da die Notwendigkeit, Zeiten in Abhängigkeit vom Leistungsgrad des eingesetzten Personals zu ermitteln, im wesentlichen entfällt. Dies gilt umso mehr, als durch die weitgehende Komplettbearbeitung in einer bzw. in wenigen Aufspannungen der Anteil der personalabhängigen Ausführungszeiten an der gesamten Systemdurchlaufzeit weiter abnimmt. Wie bereits Abbildung 2c) zu entnehmen war, verringert sich durch die Automatisierung die Anzahl zu planender Arbeitsgänge, so daß sich diesbezüglich die Arbeitsplanung auch „quantitativ" vereinfacht.

Gleichwohl führt die Automatisierung auch zu einer Erweiterung des Datenvolumens innerhalb eines Arbeitsplans. So ist zur Vermeidung organisatorischer Stillstandszeiten jedem Arbeitsgang eine Mehrzahl an Ressourcen wie

Werkzeuge, Paletten, Vorrichtungen, Meßmittel, Lager- und Pufferplätze sowie Steuerungsdaten (NC-, Roboterprogramme) zuzuordnen, für die jeweils festzulegen ist, ob eine Verfügbarkeitsprüfung zu erfolgen hat.

Zudem ist im Arbeitsplan eine Beziehung zwischen den verschiedenen Zeitkomponenten und den beanspruchten Ressourcen herzustellen. Anders als beim hauptzeitintermittierenden Rüsten der konventionellen Fertigung, bei dem Zeiten für das Rüsten und Abrüsten ausschließlich dem Kapazitätskonto der Maschine angelastet werden, sind bei Flexiblen Fertigungssystemen die Zeiten für das Rüsten und Abrüsten von Vorrichtungen den Belastungskonten von Spann-/Rüstplätzen bzw. dem eingesetzten Personal zuzubuchen.[12]

Des weiteren sind Arbeitspläne für FFS hinsichtlich der folgenden Kriterien zusätzlich zu kennzeichnen:

- Nachtprogramm
  Die Kapazitätsnutzung eines FFS im Abschaltbetrieb wird determiniert durch den maximal möglichen Arbeitsvorrat im Werkstückspeicher sowie die Länge des störungsfreien Betriebs. Um letztere zu maximieren, werden in der personalarmen Nachtschicht insbesondere Werkstücke mit unkritischem Zerspanverhalten, die zudem keiner besonderen Rüst- oder Umspannungsvorgänge bedürfen, in möglichst hoher Losgröße gefertigt.[13]
- Einfahrauftrag
  Das erstmalige Testen und Optimieren eines NC-Programms erfordert zumindest die Anwesenheit des Maschinenbedieners, gegebenenfalls sind zusätzlich Programmierer, Meister, Einrichter und Werkzeugvoreinsteller anwesend. Einfahraufträge bedingen damit eine Erweiterung der Verfügbarkeitsprüfung auf das entsprechend benötigte Personal.[14]

Die aus der Automatisierung resultierenden Anforderungen an eine detaillierte Formulierung der Arbeitspläne sind mit dem hohen Flexibilitätspotential eines FFS in Einklang zu bringen. Dabei sind drei planerische Freiheitsgrade zu unterscheiden:[15] In einem FFS-Konzept mit sich teilweise ersetzenden Maschinen und einem Transportsystem, das das wahlfreie Ansteuern jeder Station ermöglicht, kann ein Arbeitsgang im Störungsfall oder bei Kapazitätsüberhängen alternativ auf *Ausweichaggregaten* eingeplant werden. Es handelt sich folglich um einen systemabhängigen Freiheitsgrad. Kann ein Arbeitsgang durch einen anderen, verfahrenstechnisch unterschiedlichen *Ausweicharbeitsgang* substituiert werden, handelt es sich um einen Gestaltungsparameter, der sowohl vom Werkstück als auch vom Maschinenpark abhängt. Oft ist sogar eine ganze Arbeitsgangsequenz durch einen einzigen Arbeitsgang ersetzbar. Ist die zeitliche Reihenfolge der Arbeitsoperationen nicht technologisch festgelegt, besteht die Möglichkeit, die Arbeitsgangreihenfolge operativ zu planen. Bei *variablen Ar-*

beitsgangfolgen, die z. B. bei einer Mehrseitenbearbeitung ohne Durchdringung denkbar sind, liegt somit ein vom Werkstück abhängiger Freiheitsgrad vor. Diese drei Freiheitsgrade sind selbstverständlich auch in Kombination einsetzbar. Beispielsweise könnte die aus drei Arbeitsgängen bestehende Reihenfolge [A, B, C] durch die alternative Arbeitsgangfolge [A, C, B] ersetzt werden, in welcher gleichzeitig die Arbeitsgangfolge [C, B] durch den Ausweicharbeitsgang [D] substituiert wird. Folglich ist die Arbeitsgangfolge [A, D] eine technologische Alternative zu [A, B, C]. Schließlich sind diese Gestaltungsspielräume insbesondere auch für Überlegungen zum Lossplitting – „das wesentliche Instrument zur Sicherung der Leistungsfähigkeit in einem FFS"[16] - relevant.

Die Belegungsplanung hat die Maximierung der von ihr beeinflußbaren Differenz aus Erlösen und Kosten zum Ziel. Aufgrund von Bewertungsschwierigkeiten werden im allgemeinen ersatzweise die Ziele der Minimierung der Durchlaufzeiten und der Bestände sowie der Maximierung der Auslastung und der Termintreue verfolgt.

Die Auswahl alternativer Bearbeitungspfade kann durch ein Mengenkriterium gesteuert werden. Über die Festlegung von Grenzstückzahlen wird dabei z. B. festgelegt, ab welchen Stückzahlen die Fertigung auf einer Sondermaschine kostengünstiger ist als die Belegung des FFS. Darüber hinaus kann dies auch ein Kriterium für die Schichtzuteilung sein (große Lose sind möglichst in die Nachtschicht zu legen). Neben der Losgröße wird der Bearbeitungspfad u. a. bestimmt durch:

– den aktuellen Rüst- und Belegungszustand
– die Verfügbarkeit von Fertigungshilfsmitteln
– die Intensität der Betriebsmittel
– die Kostensätze der Maschinen
– die (interne, externe) Auftragspriorität.

Die Bestimmung des optimalen Bearbeitungspfads ist von diversen Zielkonflikten geprägt. So kann es sinnvoll sein, von der kostenminimalen Abarbeitungsreihenfolge zugunsten einer schnelleren Fertigstellung auf ein Aggregat mit höherer Intensität auszuweichen. Denkbar ist auch, daß ein mit hoher externer Priorität versehener (Chef-) Auftrag andere Aufträge verdrängt, die die Rüstzustände der Maschinen optimal nutzen. Nicht zuletzt gilt auch innerhalb eines FFS der klassische Zielkonflikt, das Dilemma der Ablaufplanung. Die Nutzung obiger Freiheitsgrade bei der Arbeits- bzw. Belegungsplanung und sich ersetzende Maschinen mindern jedoch dessen Ausmaß. Die hohe Flexibilität ermöglicht so zumindest eine Verkürzung der Durchlaufzeit bei gleichzeitig erhöhter Systemauslastung über das bei konventioneller Fertigung erreichbare Verhältnis hinaus.[17] Dies erfolgt aber zulasten einer erhöhten Planungskomplexität.

Da während der Abarbeitung innerhalb eines FFS ein menschlicher Eingriff nicht mehr möglich ist, bedarf es zur Berücksichtigung des aufgezeigten Flexibilitätspotentials auch einer entsprechenden Flexibilisierung der konventionell starren, linearen Arbeitspläne. Es gilt, alle technologisch möglichen Bearbeitungsabfolgen im Arbeitsplan abzubilden und systemabhängig jederzeit alternative Wege der Bearbeitung aufzuzeigen. Für diese Anforderungen wurden *zustandsorientierte Darstellungen*[18] von Arbeitsplänen entwickelt, deren Idee anhand der Abbildung 4 erläutert werden soll.

Innerhalb des beispielhaften linearen Fertigungsablaufs sind zwei bzw. drei Arbeitsgänge durchzuführen, die in sechs verschiedenen Reihenfolgen abgearbeitet werden können.

Unter Beibehaltung der herkömmlichen Formulierung von Arbeitsplänen ergibt sich die linke lineare Darstellung, die für jede mögliche Abarbeitungsfolge einen Alternativarbeitsplan enthält. In dieser starren Form ist nach Fertigungsbeginn kein Übergang zwischen den Arbeitsplänen möglich, so daß die dynamische Flexibilität nicht abgebildet wird. Zudem existieren mit der expliziten Beschreibung jedes Alternativwegs erhebliche Redundanzen.

Eine prinzipiell andere Struktur liegt der rechten zustandsorientierten Darstellung zugrunde. Die Knoten des Zustandsgraphen stellen potentiell mögliche Werkstückzustände dar und die Kanten die jeweiligen Arbeitsgänge. Die möglichen Ausweichmaschinen werden je Arbeitsgang hinterlegt. Sie können auch direkt in den Graphen übernommen werden, indem zwischen zwei Werkstückzustände je Operation soviele Kanten eingezeichnet werden, wie Betriebsmittel alternativ einsetzbar sind.[19] Abhängig von einem erreichten Bearbeitungszustand werden in der zustandsorientierten Darstellung die alternativen Abarbeitungswege aufgezeigt, wobei die theoretisch möglichen Variationen durch die aktuelle Werkzeugbestückung eingeschränkt werden. Auch ist es denkbar, daß Qualitätsanforderungen bestimmte Arbeitsgangfolgen ausschließen.[20]

Durch diese fertigungssynchrone Arbeitsplangenerierung kommt es zu einer Integration von Arbeitsplanung und Fertigungssteuerung.[21] Daraus resultiert ein erhöhtes Echtzeitverhalten der Arbeitsplanung, die auf Restriktionen durch die aktuelle Ressourcenbeanspruchung ereignisorientiert reagieren kann. Dies ist umso bedeutsamer, als die hochautomatisierte FFS-Auslegung die übliche Vorgehensweise, bei der ein Arbeitsplan aus mehreren Alternativarbeitsplänen ausgewählt wird und der Disponent sich angesichts der aktuellen Fertigungssituation improvisierend von der vorgegebenen Arbeitsgangfolge trennen muß, gar nicht zuläßt. Folglich führt der für die Ablaufplanung erweiterte Gestaltungsspielraum zu einer tendenziell erhöhten Zielerreichung inner-

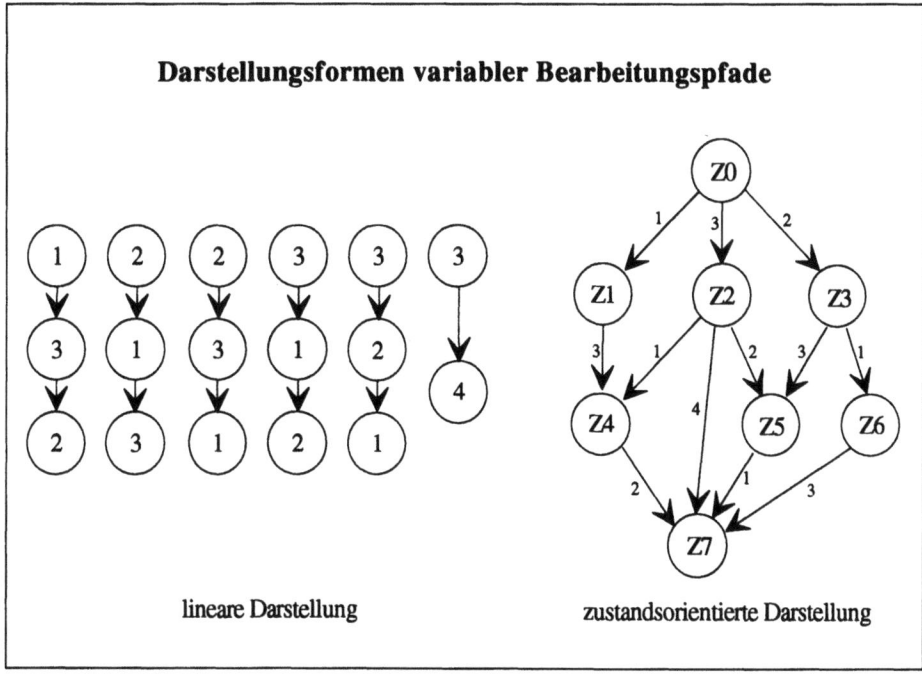

Abbildung 4: Alternativarbeitspläne und zustandsorientierte Arbeitsplandarstellung

halb des aus Durchlaufzeit- und Bestandsreduktion, Termintreue und Auslastungsmaximierung bestehenden Zielsystems. Schließlich wird auch eine prozeßbegleitende Fertigungsfortschrittskontrolle durch die Aufnahme des jeweiligen Zustands in den Arbeitsplan begünstigt.

4. CIM und Logistik als fokussierende Sichten betrieblicher Abläufe

Investitionen in automatisierte Fertigungseinrichtungen haben den Interdependenzen zwischen den drei folgenden Aufgabenbereichen Rechnung zu tragen:[22]

- Automatisierung der Produktionsprozesse
- Automatisierung des verbindenden Materialflusses
- Automatisierung der Informationsverarbeitung.

Während die systeminterne Produktionstechnologie nur innerhalb der Fertigungseinheit relevant ist, erfolgt durch den Materialfluß und den Informationsfluß jeweils die Integration in die betriebliche Organisation. Diese Aufgabe der Einbindung wird durch die Koordinationskonzepte Logistik und Computer Integrated Manufacturing (CIM)[23] wahrgenommen.

Logistik[24] hat vor allem die optimale Gestaltung des inner- und zwischenbetrieblichen Material- und Warenflusses sowie des gegenläufigen Güterflusses (z. B. Recycling) und damit die Funktionen Transport, Umschlag und Lagerung zum Inhalt. Der ursprüngliche Service-Charakter der Logistik kommt in der plakativen Formel „Das richtige Material zur richtigen Zeit in der richtigen Menge und richtigen Qualität am richtigen Ort" zum Ausdruck. Mittlerweile wird der Nutzen der Logistik aber nicht nur im Eröffnen von Kostensenkungspotentialen gesehen, sondern hat oft eigenständige, ertragswirtschaftliche Bedeutung und erlaubt teilweise sogar erst bestimmte Wettbewerbsstrategien.[25]

Computer Integrated Manufacturing[26] beschreibt die integrative Gesamtsicht auf sämtliche betriebswirtschaftlich-dispositiven (PPS) und technischen Aufgaben (CAD, CAM) einer Unternehmung. CIM wirft dabei den Fokus auf den betrieblichen Informationsfluß und umfaßt die technischen Aufgaben während des Produktentstehungsprozesses und die Aufgaben der Auftragssteuerung.

Sowohl CIM als auch Logistik erzielen Synergien aus einer fokussierenden Sicht von betrieblichen Abläufen,[27] die auch losgelöst von diesen Konzepten exisitieren. Gerade durch die konzentrierte Sichtweise werden diese Abläufe aber zu Gliedern innerhalb von Prozeßketten; dadurch erst werden wesentliche Rationalisierungspotentiale eröffnet. Besondere Betonung erfahren mit der informationsflußtechnischen (CIM) und der materialflußtechnischen (Logistik) Sichtweise die koordinationsrelevanten Merkmale eines Objekts, hier also eines Flexibles Fertigungssystems. Folglich gilt es, die koordinierende Betrachtung, die die Ausgestaltung des objektübergreifenden Material- und Informationsflusses zum Ziel hat, von den objektinternen Abläufen zu trennen. So wird beispielsweise zwar der Ablauf innerhalb eines FFS auch aus Sicht der Logistik[28] und aus der des CIM betrachtet. Bedeutsam für die Integration sind vor allem aber die Material- und Informationsbewegungen an den Systemschnittstellen.[29]

4.1 Materialflußtechnische Synchronisation

Die Einbindung des FFS in den Materialfluß umfaßt das Ein- und Ausschleusen von z.B. Werkstücken, Werkzeugen, Paletten und Vorrichtungen. Insbesondere kleine oder sich im sukzessiven Aufbau befindliche, modular zusammengesetzte Systeme sind zumeist nicht autark, sondern eng mit vor- und nachgelagerten und teilweise sogar zwischengeschalteten Fertigungseinheiten verbunden.[30]

Empirische Erhebungen haben ergeben, daß FFS von der traditionellen Fertigung oft räumlich getrennt, teilweise sogar in eigens erstellten Produktionshallen stehen.[31] Wenn sie jedoch keine Komplettbearbeitung ermöglichen, ist es zwingend notwendig, sie auch hinsichtlich des Fabriklayouts vollständig in die logistische Kette der Fertigung zu integrieren. Ansonsten verstärkt die wachsende Transportintensität die Gefahr, daß das FFS zur Flexibilitätsinsel wird, deren Vorteile von der Produktionsumgebung wieder kompensiert werden.

Um die Synchronisation des Materialflusses zwischen einem Flexiblen Fertigungssystem und den ablauforganisatorisch verbundenen Produktionssystemen herzustellen, reicht es aus, für die übergeordneten Systeme das FFS als eine aggregierte Steuereinheit zu betrachten. Diese ist Planungseinheit auf einer neuen Koordinationsebene der Produktionsplanung- und -steuerung. Die PPS-Systeme sind also um eine Hierarchieebene zu ergänzen, die die Abläufe zwischen unterschiedlichen FFS und zwischen diesen und z. B. Werkstätten und Montagestrecken harmonisiert. Der systeminterne Materialfluß, von dem im PPS-System abstrahiert wird (hier werden nur globale Daten wie frühester Anfangs- und spätester Endtermin verwaltet), wird während der Ausführung prozeßnah und zustandsabhängig auf der Ebene der Prozeßrechner gesteuert und auf der Ebene der Leitrechner für alle innerhalb des FFS anfallenden Vorgänge geführt.

Treffen an der Schnittstelle zwischen FFS und übriger Produktionsumgebung unterschiedliche Automatisierungsgrade aufeinander, sind im Regelfall zwei verschiedene Flexibilitätspotentiale abzugleichen. Die Werkstattfertigung erhält sich konventionell eine Anpassungsreserve durch hohe Lagerbestände, d. h. die Flexibilität ist insbesondere im Umlaufvermögen gebunden. Diese Strategie ist aufgrund der begrenzten Werkstückspeicherplätze innerhalb eines FFS jedoch nicht praktikabel. Vielmehr stellen die Möglichkeiten des schnellen Programmwechsels, des hauptzeitparallelen Werkzeugwechsels, der Außenverkettung sowie der Fertigungsredundanz durch sich ersetzende Maschinen ein im Anlagevermögen befindliches Flexibilitätspotential (Anlagenflexibilität) dar.

Durch einen geeigneten Werkstückpuffer, der im Zugriffsbereich der automatisierten Werkstückhandhabung (z. B. Portalroboter) liegt, ist dafür Sorge zu tragen, daß der Maschinenbediener vom Takt der Maschine entkoppelt wird. Ein vor dem FFS liegender Bestand an Rohmaterialien und Teilen, die eventuell durch andere Arbeitsplätze bereits angearbeitet wurden sind, ist unvermeidlich, wenn das FFS z. B. durch Nacht- oder Wochenendbetrieb eine höhere Nutzungszeit aufweist als die Produktionsumgebung. Da das im bedienerarmen Abschaltbetrieb bewältigte Arbeitsvolumen auch vom Zeitpunkt des Auftritts einer zur Produktionseinstellung führenden Störung abhängt, ist der Pufferbestand nur aufgrund von Schätz- oder Simulationswerten dimensionierbar. Ist er überdimensioniert, wird unnötig Kapital gebunden und die Durchlaufzeit in der Fertigung erhöht; ist der Pufferbestand zu klein gewählt, wird das abgearbeitete Arbeitsvolumen u. U. durch den Arbeitsvorrat und nicht durch das Auftreten einer Störung bestimmt. Erfahren Teile, bevor sie in das FFS eingeschleust werden, eine Bearbeitung an anderen Arbeitsplätzen, so müssen diese Betriebsmittel eine ausreichende Kapazität aufweisen, um das mit einer längeren Nutzungszeit eingesetzte FFS permanent versorgen zu können. Damit wird deutlich, daß es einer systemübergreifenden Steuerung bedarf, um auch die Bestände, die vor dem FFS liegen, zu berücksichtigen. Lagerbestände können sich aber auch hinter dem FFS aufbauen. Dies ist z. B. dann der Fall, wenn sich an die Bearbeitung im FFS ein Härteprozess in einem Ofen anschließt, der in hohen Losgrößen beschickt wird.

Die durch beschleunigte Rüstvorgänge innerhalb eines FFS steigende Anzahl kleinerer Lose bedeutet für die System-Peripherie eine erhöhte Bereitstellungs- und Entsorgungsintensität verschiedenster Ressourcen. Von dieser dem Fertigungsablauf entsprechenden zeit- und bedarfsgerechten Bereitstellung sind u. a. Werkstücke, Werkzeuge, Paletten, Vorrichtungen sowie Meßmittel betroffen. Hier gilt es, die Kapazitäten der Fertigung mit denen des Materialflusses z. B. dadurch abzustimmen, daß kontinuierlich transportiert wird. Ein nur losweiser Transport von überdies großen Stückzahlen kann hingegen dazu führen, daß das FFS Lose sequentiell statt im Auftragsmix abarbeitet und das hohe Flexibilitätspotential mithin ungenutzt bleibt.[32]

4.2 Informationsflußtechnische Integration

Die Flexibilität eines FFS entfaltet nur dann ihren hohen Nutzen, wenn es gelingt, die in konventionellen Fertigungsorganisationen vorhandenen Bestände „durch Informationen zu ersetzen" und das FFS informatorisch sowohl mit vor- und nachgelagerten Bearbeitungsverfahren als auch mit dem überlagerten PPS-System zu verbinden. Verglichen mit der Koordination des Materialflusses, der ausschließlich horizontal erfolgt, ist der Informationsfluß nicht nur horizontal, sondern zusätzlich auch vertikal, nämlich gemäß dem PPS-Stufenkonzept von der kurzfristigen Steuerung bis zur mittel- und langfristigen Planung zu analysieren. Ziel beider Integrationsrichtungen ist es, das durch flexible Automatisierung entstandene lokale Optimum in ein Gesamtoptimum zu überführen.

Die informationstechnische Einbindung eines FFS hat dabei zwei Voraussetzungen:

- gemeinsames Datenmanagement mit FFS-spezifischer Datendetaillierung
- kommunikationstechnische Integration.

Horizontal erfolgt die informatorische Einbindung des FFS über die Auftragsvernetzung. Für die Steuerung des FFS sind die innerhalb der Zeitwirtschaft ermittelten Eckdaten bei Systemeintritt und -austritt Restriktionen des Dispositionsspielraums. Pufferzeiten mindern dabei die Gefährdung der mit der Durchlaufterminierung erzeugten zeitlichen Koordination des Auftragsdurchlaufs. Gemäß der oben definierten Vorgehensweise, von systeminternen Material- und Informationsflüssen zu abstrahieren, reicht es zur systemübergreifenden zeitlich-horizontalen Koordination aus, sämtliche Arbeitsgänge innerhalb des FFS für das übergeordnete System zu einem Arbeitsgang zu aggregieren und entsprechend das FFS als eine Kapazitätseinheit anzusehen. Derartige zentral gepflegte Rumpfarbeitspläne haben den Vorteil, daß die Planungskomplexität auf der übergeordneten Ebene drastisch reduziert wird und von unterschiedlichen Automatisierungsgraden abstrahiert werden kann. Bereits auf dieser aggregierten Ebene der Rumpfarbeitspläne ist es denkbar, variable Abarbeitungsfolgen zu verwenden. Auf einer Ebene stärkerer Datendetaillierung – und damit größerer Prozeßnähe – ist die Arbeitsplandarstellung innerhalb des FFS dezentral zustandsorientiert zu komplettieren.

Die folgende Abbildung 5 erläutert exemplarisch diese Form der Arbeitsplandetaillierung, in der der Arbeitsgang Nummer 3 die Zusammenfassung aller Arbeitsgänge innerhalb des FFS darstellt. Die Arbeitsplanung für das FFS erfolgt zustandsorientiert, wobei die Zustände Z0 und Z5 den Eintritts- bzw. Austrittszustand des Werkstücks darstellen. Als solche liegen sie wiederum der materialflußtechnischen Synchronisation zugrunde, für die sie z. B. Handhabungsrestriktionen darstellen.

Mit dem Einsatz eines FFS erhöht sich die Heterogenität innerhalb der Fertigung, da sich z. B. Durchlaufzeitverhalten, Automatisierungsgrad oder die Anforderungen an die einzusetzende Hard- und Software deutlich von den übrigen Produktionsbedingungen abheben. Um den unterschiedlichen Ansprüchen organisatorisch gerecht zu werden, sind für die einzelnen Subsysteme selbststeuernde Regelkreise zu schaffen. Diese erlauben innerhalb gegebener Toleranzwerte die autonome Systemsteuerung. Die Zusammenführung und damit die Koordination der einzelnen Subsysteme erfolgt auf Ebenen gleichen Aggregationsniveaus, wie dies beispielhaft durch Abbildung 5 verdeutlicht wird.

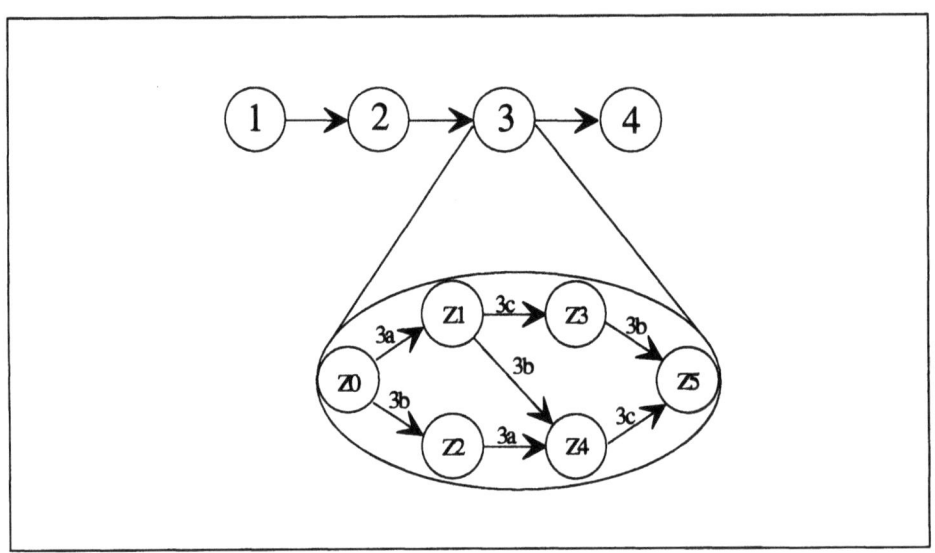

Abbildung 5: FFS-spezifische Arbeitsplandetaillierung

Die so entstehende kaskadenförmige Regelkreisstruktur findet ihre äquivalente EDV-technische Umsetzung in dem Aufbau einer *hierarchischen Rechnerarchitektur*.[33] Die dabei erfolgende Verteilung der Funktionen soll beispielhaft an einem aus vier Ebenen bestehenden Konzept aufgezeigt werden (Abbildung 6).

Die *Maschinenebene* als prozeßnahste Rechnerebene umfaßt lokale CNC- und speicherprogrammierbare (SPS) Steuerungen. Die Realzeitanforderungen sind hier am höchsten. Bedingt durch die unmittelbare Prozeßnähe sind vor allem hardwarenahe Schnittstellen wichtig. Die Aufgabe der CNC-Komponenten ist die Abarbeitung der im DNC-Betrieb geladenen NC-Programme sowie die Übertragung von Vollzugs- und Störungsinformationen an die Prozeßrechner. SPS sind zur Durchführung diverser Teilprozesse einsetzbar. Hierzu können die Überwachung der Werkzeugmagazine und der Werkzeugstandzeiten oder die Ausführung von Transportvorgängen gezählt werden. Darüber hinaus sind auf dieser Ebene Meßsysteme, Robotersteuerungen oder Funktionen der Betriebsdatenerfassung (BDE) angesiedelt, sofern die Betriebsdaten über automatische Sensoren oder Meßwertgeber direkt im Prozeß aufgenommen werden.

Auf der nächsthöheren *Prozeßebene* werden jeweils die lokalen Maschinen-, Transport- und Lagersteuerungen koordiniert. Die aus der Leitebene übertragenen Planungsdaten werden hier in Bearbeitungs- und Transportprozesse um-

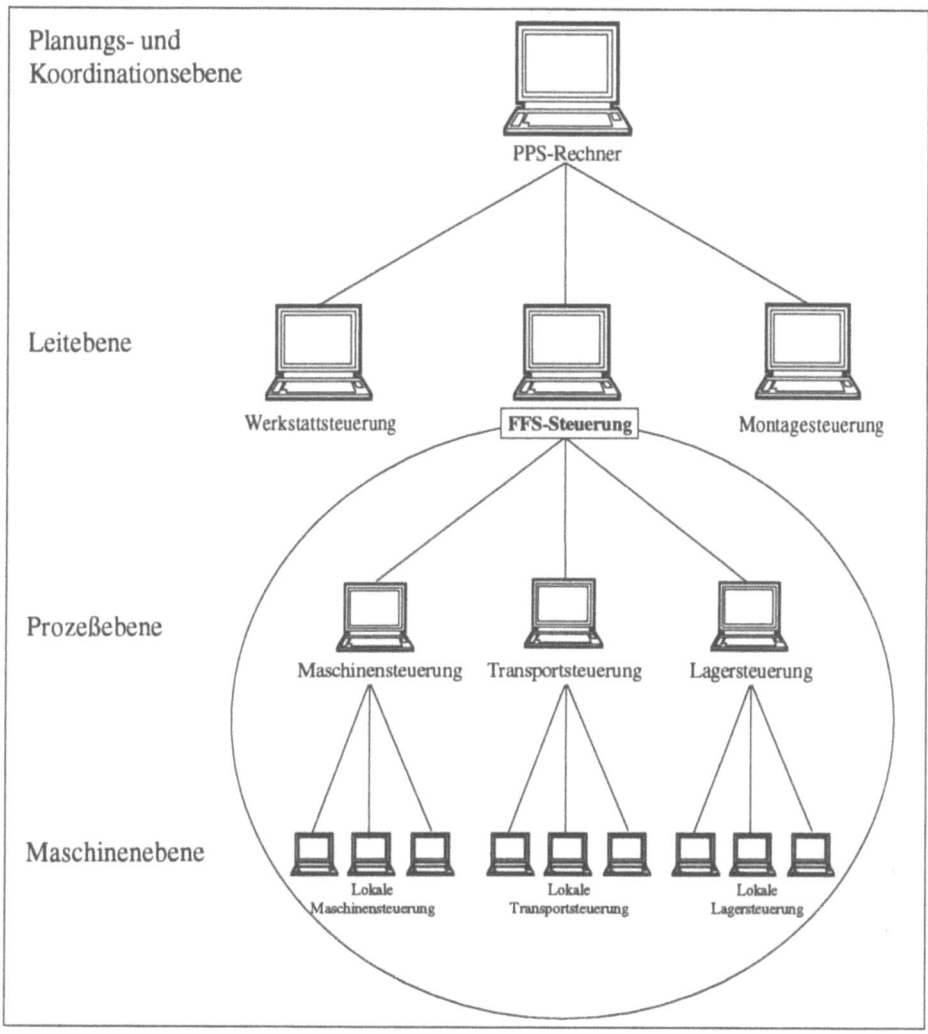

Abbildung 6: Rechnerhierarchie

gesetzt. Des weiteren erfolgt auf dieser Ebene u. a. die Reihenfolgeoptimierung, die physische Verfügbarkeitsprüfung und die Steuerung des Werkzeugwechsels.

Die *Leitebene* dient der Gesamtkoordination des FFS. Der Auftragsdurchlauf wird hier geplant, optimiert und überwacht. Dazu zählen beispielsweise eine offline erfolgende Maschinenbelegungsplanung, die Bedarfsplanung für die Fertigungshilfsmittel, das Übergeben von Zellaufträgen und die Bereitstellung von NC-Programmen. Vom übergelagerten PPS-System werden grobgeplante

Fertigungsaufträge übernommen, und umgekehrt erfolgt eine Rückmeldung des Fertigungsfortschritts.

Die gesamtbetriebliche Koordination ist Aufgabe der *Planungs- und Koordinationsebene*. Eine zentral durchgeführte Durchlaufterminierung auf Basis aggregierter Arbeitsgänge und Kapazitätseinheiten stellt hier den FFS-übergreifenden Zusammenhang her.

5. Integration des FFS in das betriebliche Umfeld durch CIM und Logistik

Aus Sicht von *CIM* stellt der Einsatz eines FFS vor allem neue Anforderungen an die Ausgestaltung der Produktionsplanung und -steuerung. Die hohe Systemautonomie des nahezu autarken technischen Ablaufs und das große Flexibilitätspotential führen zu gegenüber klassischer Werkstattfertigung geänderten Datenstrukturen und Funktionalitäten. Durch den großen Bearbeitungsfortschritt, der innerhalb eines FFS an einem Teil vollzogen wird, kann die Stücklistentiefe reduziert werden, da die Anzahl an zu identifizierenden Teilzuständen abnimmt. Die entsprechende Zunahme der Anzahl Arbeitsgänge je Arbeitsplan wird zweifach kompensiert. Einerseits werden die Arbeitspläne hierarchisch strukturiert. Auf der Koordinationsebene ist die FFS-Bearbeitung durch einen aggregierten Arbeitsgang erfaßt. Zur Belegungsplanung des FFS dient eine zustandsorientierte Arbeitsplandarstellung, die das gesamte Flexibilitätspotential redundanzarm widerspiegelt. Zum anderen führt die numerisch gesteuerte Bearbeitung dazu, daß viele Arbeitsgänge in NC-Programmen zusammengefaßt werden, auf die innerhalb des Arbeitsplans lediglich zu verweisen ist. Diese technisch-autonomen Abläufe werden durch eine Prozeßsteuerung koordiniert, die an die Stelle der üblichen Produktionssteuerung tritt. Eine umfangreiche Verfügbarkeitsplanung hat schließlich sicherzustellen, daß der Systemnutzungsgrad nicht durch organisatorische Stillstandszeiten gemindert wird.

Die materialflußtechnischen Konsequenzen eines Flexiblen Fertigungssystems betreffen die *Produktionslogistik*. Durch die Zulieferung von Rohteilen bzw. angearbeiteten Einzelteilen und die Bereitstellung von Fertigteilen für eine sich anschließende Montage besteht ein enger Verbundbetrieb mit der Produktionsumgebung. Über kontinuierliche Transportsysteme sind hohe Ver- und Entsorgungsintensitäten zu realisieren. Zudem ist durch eine geeignete Pufferdimensionierung der personalarme Abschaltbetrieb eines FFS in die im Regel-

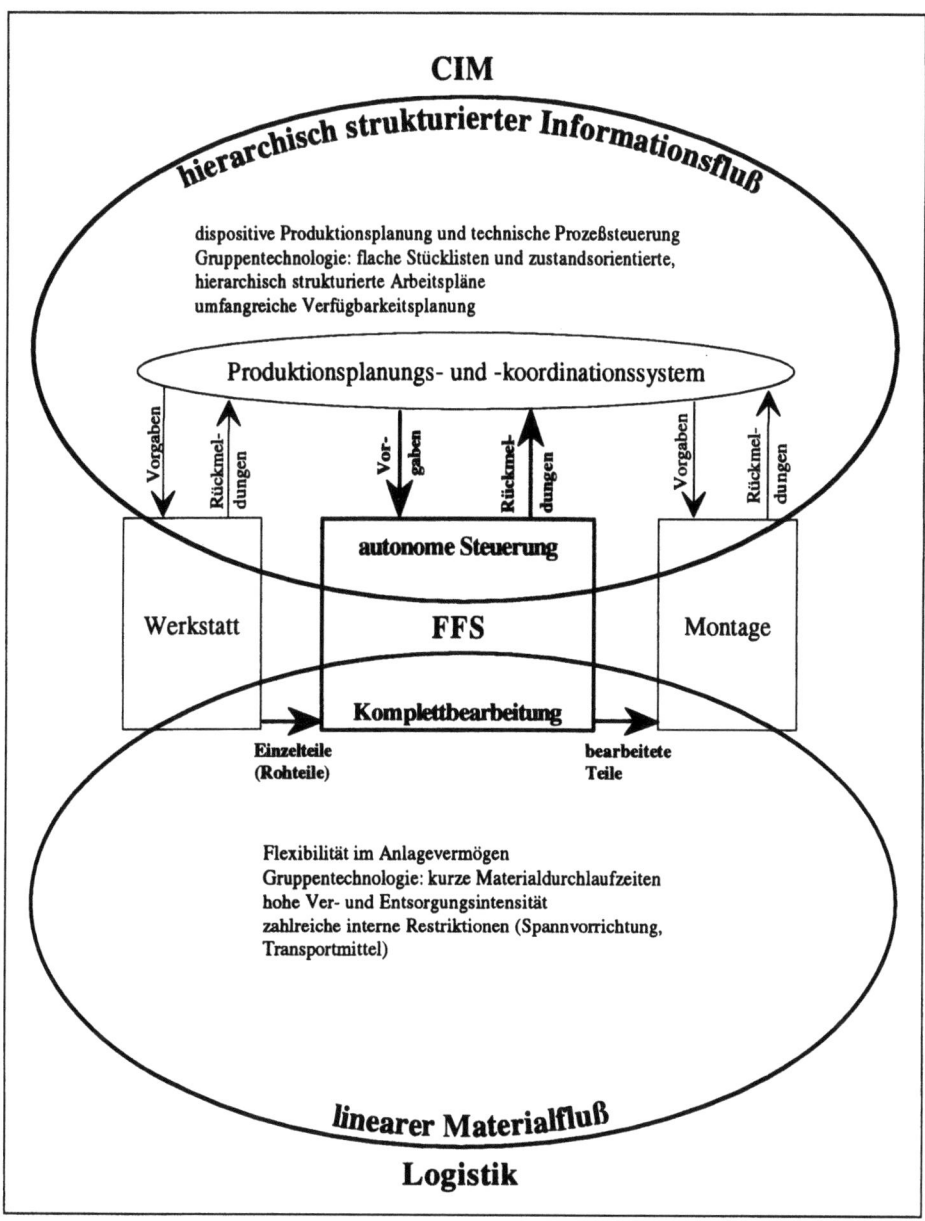

Abbildung 7: Organisatorische Integration eines FFS durch CIM und Logistik

fall personalintensive übrige Fertigungsumgebung zu integrieren. Ebenfalls sind die unterschiedlichen Flexibilitätspotentiale – Anlagenflexibilität beim FFS und Flexibilität durch hohes Umlaufvermögen bei konventioneller Werkstattfertigung – abzugleichen. Aus der internen Logistik eines FFS resultieren geringe Materialdurchlaufzeiten, die in der objektorientierten Betriebsmittelanordnung sowie dem Einsatz von automatisierten Transport- und Handhabungssystemen begründet sind. Außerdem vergrößert sich im Vergleich zur konventionellen Fertigungsweise die Gefahr, daß der Materialfluß zum Engpaß wird, weil die Anzahl der umlaufenden Paletten systemtechnisch beschränkt ist und weil teure, werkstückspezifische Vorrichtungen und Werkzeuge nur in begrenzter Anzahl angeschafft werden.

Die abschließende Darstellung (Abbildung 7) stellt zusammenfassend die informations- und materialflußtechnische Integration eines Flexiblen Fertigungssystems dar. Nur wenn der Ausgestaltung dieser Einbettung bei der Planung und Realisation eines FFS der gleiche Stellenwert beigemessen wird wie der in Theorie und Praxis zumeist im Vordergrund stehenden internen Auslegung, gelingt es, die hohe Flexibilität eines FFS zum gesamtbetrieblichen und nicht nur zum lokalen Nutzen zu gestalten.

Anmerkungen

1 Vgl. Helberg (1987), S. 43 f.; Wildemann (1987), S. 19.
2 Vgl. Viehweger (1992), S. 12; Weck (1989), S. 15-23.
3 Zur Gruppentechnologie vgl. auch Brödner (1986), S. 145-160; Warnecke, Osman, Weber (1980).
4 Vgl. Wildemann (1986), S. 355.
5 Vgl. auch Wildemann (1987), S. 167 ff.
6 Vgl. Köhler (1988), S. 38-59.
7 Vgl. Hirt, Reineke, Sudkamp (1991), S. 43 f. Die Autoren kommen in ihrer empirischen Studie zu dem Ergebnis, daß nur in 15 % aller Fälle die Losgröße kleiner bzw. gleich 5 ist.
8 Vgl. Warnecke (1991), S. 339; Helberg (1987), S. 62 f.
9 Vgl. Köhler (1988), S. 58 f. Köhler entwickelt in seiner Arbeit zur Berücksichtigung dieser Interdependenz ein hierarchisch rückgekoppeltes Planungsmodell.
10 Vgl. Helberg (1987), S. 46 f. Förster und Hirt sprechen in diesem Zusammenhang von automatisierungsgerechter Konstruktion. Vgl. Förster, Hirt (1988), S. 95.
11 Hingegen exisitiert aus Sicht des Arbeitsgangs durch die Möglichkeit der Einplanung auf mehrere, sich ersetzende, aber u. U. hinsichtlich der Intensität nicht identische Maschinen eine varianzerhöhende Tendenz.
12 Vgl. Ruffing (1991), S. 244 f.; Förster, Hirt (1988), S. 82 f.
13 Vgl. Förster, Hirt (1988). S. 122 f.
14 Vgl. Herterich, Zell (1988), S. 5 f.
15 Vgl. Maier (1980), S. 52 f.
16 Warnecke, Dangelmaier (1988), S. 77.
17 Vgl. auch Maier (1980), S. 97-100.
18 Vgl. Döttling (1981), S. 45-56. Vgl. auch Helberg (1987), S. 195-200; Maier (1980), S. 59 f.
19 Vgl. Schmitz-Mertens (1988), S. 67 ff.
20 Vgl. Ruffing (1991), S. 266.
21 Vgl. Kreutzfeldt, Schmidt (1992), S. 58.
22 Vgl. Dangelmaier (1990) S. 46; Handke (1986), S. 8.

23 Vgl. Becker (CIM und Logistik) (1991).
24 Vgl. Unternehmenslogistik (Hrsg.: Rupper) (1991); Pfohl (1990); Weber (1990); Jünemann (1989).
25 Vgl. Weber (1990), S. 977.
26 Vgl. CIM-Handbuch (Hrsg.: Geitner) (1991); Scheer (1990).
27 Vgl. Venitz (1991), S. 39.
28 Die Grenzen zwischen fertigungstechnischen und logistischen Systemen verfließen mit zunehmender Flexibilisierung ohnehin. Vgl. Maier-Rothe (1986), S. 9.
29 Zu Informationsbewegungen an Systemschnittstellen vgl. Becker (CIM-Integrationsmodell) (1991); Becker (Einbindung der Fertigungssteuerung) (1991).
30 Vgl. Eversheim, Schmitz-Mertens, Wiegershaus (1989), S. 74.
31 Vgl. Wildemann (1987), S. 115.
32 Vgl. Schmitz-Mertens (1988), S. 21.
33 Zu Rechnerverbundsystemen vgl. Hammer (1991), S. 358-372; Zörntlein (1988), S. 3-9.

Literaturverzeichnis

Becker, J.: CIM-Integrationsmodell – Die EDV-gestützte Verbindung betrieblicher Bereiche. Berlin u. a. 1991.
Becker, J.: CIM und Logistik. Arbeitsbericht des Instituts für Wirtschaftsinformatik, Nr. 7. Hrsg.: J. Becker; H. L. Grob; K. Kurbel; U. Müller-Funk. Münster 1991.
Becker, J.: Einbindung der Fertigungssteuerung in ein CIM-Informationssystem. In: Fertigungssteuerung. Expertenwissen für die Praxis. Hrsg.: A.-W. Scheer. München, Wien 1991. S. 39-62.
Brödner, P.: Fabrik 2000. Alternative Entwicklungspfade in die Zukunft der Fabrik. 3. Aufl., Berlin 1986.
CIM-Handbuch. 2. Aufl., Hrsg.: U. W. Geitner. Braunschweig 1991.
Dangelmaier, W.: Eine stetige Optimierung von Material- und Informationsfluß. Computerwoche, 17 (1990), 42, S. 45-48.
Döttling, W.: Flexible Fertigungssysteme. Berlin, Heidelberg 1981.
Eversheim, W.; Schmitz-Mertens, H.-J.; Wiegershaus, U.: Organisatorische Integration flexibler Fertigungssysteme in konventionelle Werkstattstrukturen. VDI-Z, 131 (1989), 8, S. 74-78.
Förster, H.-U.; Hirt, K.: PPS für die flexible Automatisierung. Köln 1988.
Hammer, H.: Fertigungssysteme. In: CIM-Handbuch. 2. Aufl., Hrsg.: U. W. Geitner. Braunschweig 1991. S. 346-382.
Handke, G.: Das Zusammenwirken von Logistik und CIM-Systemen in der Unternehmensstruktur. In: RKW-Handbuch Logistik, 2. Band, Kennzahl 6810, Berlin 1986.
Helberg, P.: PPS als CIM-Baustein. Berlin 1987.
Herterich, R.; Zell, M.: Interaktive Fertigungssteuerung teilautonomer Bereiche. Veröffentlichung des Instituts für Wirtschaftsinformatik, Heft 59. Hrsg.: A.-W. Scheer. Saarbrücken 1988.
Hirt, K.; Reineke, B.; Sudkamp, J.: Einsatzbedingungen von flexiblen Fertigungssystemen. VDI-Z, 133 (1991), 1, S. 41-44.
Jünemann, R.: Materialfluß und Logistik. Berlin u. a. 1989.
Köhler, R.: Produktionsplanung für flexible Fertigungszellen. Diss., Münster 1988.
Kreutzfeldt, J.; Schmidt, B.: Integrierte Arbeitsplanung und Fertigungssteuerung. CIM-Management, 8 (1992), 3, S. 53-60.
Maier, U.: Arbeitsgangterminierung mit variabel strukturierten Arbeitsplänen. Berlin, Heidelberg 1980.
Maier-Rothe, C.: Gemeinsame Strategien für Logistik und Computer-Integrated Manufacturing. In: RKW-Handbuch Logistik, 2. Band, Kennzahl 6820, Berlin 1986.

Pfohl, H.-Ch.: Logistiksysteme. Betriebswirtschaftliche Grundlagen. 4. Aufl., Berlin u. a. 1990.
Ruffing, T.: Fertigungssteuerung bei Fertigungsinseln. Köln 1991.
Scheer, A.-W.: CIM – Computer Integrated Manufacturing. Der computergesteuerte Industriebetrieb. 4. Aufl., Berlin u. a. 1990.
Schmitz-Mertens, H. J.: Entwicklung eines Steuerungskonzepts für Systeme mit heterogener Fertigungsstruktur. Diss., RWTH Aachen 1988.
Unternehmenslogistik. 3. Aufl., Hrsg.: P. Rupper. Köln 1991.
Venitz, U.: CIM und Logistik – Zwei Wege zum gleichen Ziel? In: Integrierte Informationssysteme. Hrsg.: H. Jacob; J. Becker; H. Krcmar. SzU, Band 44. Wiesbaden 1991. S. 35-47.
Viehweger, B.: FFS als wesentlicher Bestandteil von Fertigungsarchitekturen. CIM-Management, 8 (1992), 2, S. 10-17.
Warnecke, H.-J.: CAM. Konzepte – am Beispiel flexibler Fertigungssysteme. In: CIM-Handbuch. 2. Aufl., Hrsg.: U. W. Geitner. Braunschweig 1991. S. 333-345.
Warnecke, H.-J.; Dangelmaier, W.: Steuerung flexibler Fertigungssysteme. In: Fertigungssteuerung I. Hrsg.: D. Adam. SzU, Band 38. Wiesbaden 1988. S. 73-102.
Warnecke, H.-J.; Osman, M.; Weber, G.: Gruppentechnologie. FB/IE, 29 (1980), 1, S. 5-12.
Weber, J.: Thesen zum Verständnis und Selbstverständnis der Logistik. zfbf, 42 (1990), 11, S. 976-986.
Weck, M.: Werkzeugmaschinen. Band 3. Automatisierung und Steuerungstechnik. 3. Aufl., Düsseldorf 1989.
Wildemann, H.: Einführungsstrategien für neue Produktionstechnologien – dargestellt an CAD/CAM-Systemen und Flexiblen Fertigungssystemen. ZfB, 56 (1986), 4/5, S. 337-369.
Wildemann, H.: Investitionsplanung und Wirtschaftlichkeitsrechnung für flexible Fertigungssysteme (FFS). Stuttgart 1987.
Zörntlein, G.: Flexible Fertigungssysteme. München, Wien 1988.

Innovation der Arbeit und der Technik durch demokratischen Dialog

Von Siegfried Bleicher, IG Metall Frankfurt

Inhaltsübersicht

1. Vorbemerkung

2. Der „schlanke", japanische Weg

3. Der „technikzentrierte" Weg

4. Die Position der Gewerkschaften

5. Das schwedische LOM-Programm als Schritt zum „menschzentrierten" Ansatz

6. Fazit

Literaturverzeichnis

1. Vorbemerkung

Die Diskussion um die MIT-Studie[1] zur Zukunft der Automobilindustrie und um das Modell „lean production" hat auch in der Bundesrepublik Deutschland die Frage nach dem Stellenwert der Arbeit in der Fabrik der Zukunft neu aufgeworfen.

Welches wird das Produktions-, bzw. das Management- und Organisationskonzept in der Industriegesellschaft der Zukunft sein? Diese Frage spielte zum ersten Mal Mitte der 70er Jahre angesichts der Diskussion über die Humanisierung des Arbeitslebens und entsprechender Regierungsprogramme eine zentrale Rolle in der öffentlichen Auseinandersetzung. Wenn mit neuer Qualität in den Betrieben, den Verbänden und unter Wissenschaftlern dieses Thema behandelt wird, stellt sich insbesondere mit Blick auf die japanische Industriepolitik die Frage, welche Rolle zukünftig die staatliche Forschungs- und Entwicklungspolitik bei der Entwicklung neuer Produktions- und Technikkonzepte in der Bundesrepublik spielen soll.

2. Der „schlanke", japanische Weg

Toyota, also jener Konzern, der als Wegbereiter der neuen Produktionskonzepte gilt, nimmt Abschied von einer tragenden Säule dieser Konzepte, nämlich der Just-in-time-Produktion. Die Geschäftsführung von Toyota beschäftigt sich derzeitig mit dem Bau zweier neuer Automobilwerke. Dabei spielt nicht so sehr eine Erweiterung der Produktion die entscheidende Rolle. Vielmehr will man über die neuen Produktionsstätten eine Verbesserung der Arbeitsbedingungen unter Einbeziehung der Realisierung kürzerer Arbeitszeiten erreichen.

Jüngere Arbeitskräfte sind in der japanischen Automobilindustrie meist nur noch zu finden, wenn günstige Arbeitsbedingungen geboten werden. Das heißt also, selbst der Spitzenreiter in Sachen neue Produktionskonzepte findet seine Grenzen in den Arbeitsbedingungen.

Die geplanten neuen Toyota-Fabriken sollen die eingetretene Arbeitshetze reduzieren und die dramatische Verschlechterung der zeitlichen Arbeitsbedingungen, hervorgerufen durch Just-in-time-Strategien, bei zunehmendem Verkehrsinfarkt entschärfen.

In jeder hochentwickelten Volkswirtschaft stehen einzelne Branchen in Konkurrenz zueinander. Dies bezieht sich auch auf die Konkurrenz um qualifizierte Arbeitsplätze. Das beschriebene Problem von Toyota ist mithin ein allgemeines. Die Firma baut deshalb neue Werke, um bei den Arbeitsbedingungen den Wünschen und Vorstellungen der Arbeitnehmerinnen und Arbeitnehmer möglichst gerecht zu werden. Derartige Aktivitäten aus der Bundesrepublik sind weitgehend unbekannt. Im Gegenteil, neuerliche Diskussion über den Wirtschaftsstandort Deutschland thematisierte in gewohnter Weise nur jene Sachbereiche, die gerade nicht Konkurrenzvorteile oder -nachteile begründen, legt man die Ergebnisse der MIT-Studie zugrunde.

3. Der „technikzentrierte" Weg

Die Verbesserung der Arbeitsbedingungen steht immer noch nicht im Mittelpunkt bundesdeutscher Industriekultur. Hier reagiert man auf diese Herausforderung anders. Der weitaus größte Teil der Unternehmen investiert in Maschinen und Technik, um die Fabrik möglichst „arbeitsarm" zu gestalten und damit mit möglichst wenig Arbeitskräften auszukommen.

Der am Beispiel von Toyota beschriebene „japanische Weg" unterscheidet sich deshalb fundamental von europäischen oder bundesdeutschen Ansätzen. Während einerseits auf die arbeitenden Menschen und ihr Produktionswissen gesetzt wird, steht im Mittelpunkt der „technikzentrierten" Konzeption, z.B. die Installation von Flexiblen Fertigungssystemen, eine möglichst weit entwickelte Technik, mit der Arbeit eliminiert werden soll. Hier steht nicht die Verbesserung der Arbeitsbedingungen auf der Tagesordnung, sondern eine möglichst optimale Anpassung der menschlichen Arbeitskraft an vermeintliche technische und betriebliche Sachzwänge.

Wer ausschließlich auf Technik setzt, um Arbeit zu verdrängen, hat wenig Sinn für die Entwicklung arbeitsorientierter Industriestrukturen. Unter diesem Gesichtspunkt müssen die Aktivitäten der Gewerkschaften zur Humanisierung des Arbeitslebens gesehen werden. In mehrfacher Hinsicht sind diese Aktivitäten für eine neue Strategie betrieblicher Innovationsprozesse diametral entgegengesetzt zu den immer noch landläufig vorhandenen betrieblichen Konzeptionen der Technikzentrierung, die auch beim Einsatz von Flexiblen Fertigungssystemen zu beobachten sind.

4. Die Position der Gewerkschaften

Die Gewerkschaften können für sich in Anspruch nehmen, über ihre Strategie der „Arbeitsorientierung" an der Entwicklung und Gestaltung neuer Produktionskonzepte, die heute allgemein unter dem Stichwort „lean" propagiert werden, mitgewirkt zu haben.

Ja, schlechterdings wäre die sich anbahnende Revolutionierung der Arbeitsorganisation ohne gewerkschaftliche Vorarbeiten in der Bundesrepublik nicht möglich. Allerdings gilt es auch festzuhalten, daß zwischen gewerkschaftlichen Gestaltungskonzepten zu Technik und Arbeit und neuen Produktionskonzepten, wie sie heute schon z.B. in Japan praktiziert werden, erhebliche Unterschiede bestehen.

Die gewerkschaftliche Politik zur Gestaltung von Arbeit und Technik hat den Innovationsprozeß ebenso zum Gegenstand wie die Gestaltung der Arbeitsinhalte und -strukturen und die Vorgehensweise im beteiligungsorientierten Gestaltungsprozeß einschließlich seiner Ergebnisorientierung sowie die damit verbundene Methodik.

Eine Grundvoraussetzung solcher gewerkschaftlicher Gestaltungsinitiativen im Betrieb ist die Akzeptanz des Produktionswissens der Arbeitnehmerinnen und Arbeitnehmer als wesentlicher Produktionsfaktor. Der Gestaltungsprozeß zentriert sich um dieses Produktionswissen und macht es zu einem Zentrum des Arbeitsprozesses.

Wenn heute unter dem Eindruck der lean-production-Diskussion von den Gewerkschaften erstellte Berichte über betriebliche Gestaltungsprozesse bewertet werden, müssen Wirtschaft und Politik eingestehen, daß die Gewerkschaften zumindest in diesem Politikbereich dem Zeitgeist voraus waren und Konzepte entwickelten, die heute zunehmend Allgemeingut in der Diskussion über die Fabrik der Zukunft werden.

Thesenartig lassen sich die durch viele Erfahrungen und Forschungsergebnisse untermauerten gewerkschaftlichen Positionen wie folgt darstellen:

Gefordert wird von Produktionskonzepten, so auch von einem umfassenden Konzept zur Installation von Flexiblen Fertigungssystemen, für die Arbeit der Zukunft, daß

– Sie offene Arbeitsbedingungen schaffen, die es erlauben, ja, geradezu erfordern, daß das Produktionswissen der Beschäftigten permanent in das Pro-

duktkonzept und damit zu dessen wirtschaftlicher und ökologischer Verbesserung einfließen kann;
- Entscheidungsstrukturen dieser Offenheit angepaßt werden und hierdurch
- Kommunikationsnetzwerke statt Hierarchien entstehen lassen;
- sie die tayloristisch-fordistischen Zeitregime ablösen durch eine Neubestimmung des Zeitfaktors: Kommunikation ist unter dem Aspekt von Übertragung von Produktionswissen Wertschöpfung;
- die Arbeitsorganisation muß für soziale Interaktion und Kommunikation offen sein und diese befördern.
- Die Arbeitsorganisation muß den Beschäftigten die Chance zur Weiterbildung bieten, und das bedeutet für die
- Technik, daß unterschiedliche technische Entwicklungswege eröffnet werden müssen. Auch für die Entwicklung der Arbeitsinhalte und -strukturen muß es unterschiedliche Präferenzen geben. Und auch in den technischen Entwicklungsprozeß muß das Produktionswissen der Beschäftigten als Innovationsmaterial zur stetigen Verbesserung einfließen können.

In der zwischenbetrieblichen Arbeitsteilung, also der Abnehmer-Zuliefer-Beziehung, müssen Kooperationen entwickelt werden, die jedem Partner die Umsetzung der o.g. Punkte erlauben und die weitere Erschließung der Produktivkraft Kooperation fördern.

Nicht erst die Umsetzung dieser Forderungen macht die Fabrikinnovation zu einer komplexen Angelegenheit. Die Realisierung dieser Forderungen verändert auch deren Charakter: Der Innovationsprozeß muß als Dialogprozeß angelegt sein!

5. Das schwedische LOM-Programm als Schritt zum „menschzentrierten" Ansatz

Die unterschiedlichen Interessen der Unternehmensleitungen sowie der verschiedenen Beschäftigtengruppen müssen sich in diesem Dialogprozeß artikulieren können. Die Erschließung des Produktionswissens der Beschäftigten ist nicht über den Weg des Abfragens oder des Einsatzes spezifischer Sozialtechniken möglich. Nur der demokratische Dialog kommt infrage, um Arbeit und Technik und damit die Fabrik der Zukunft zu entwickeln. Konkreter Ausdruck dieser Konzeption ist die Beteiligung der Arbeitnehmerinnen und Arbeitnehmer in den Betrieben an der Gestaltung ihrer Arbeitsbedingungen und der Arbeitsstrukturen.

Zwei Gesichtspunkte unterstreichen die Notwendigkeit, den betrieblichen Innovationsprozeß auf demokratischen Strukturen zu begründen. Der ökonomische Anpassungsdruck in der Volkswirtschaft trifft die Standards der Arbeitsprozesse und Arbeitsbedingungen in Produktion und Dienstleistung.

Diese Situation ist auch entstanden und verstärkt worden durch den technikzentrierten CIM-Weg in der Rationalisierung. Heute können wir feststellen, daß diese technikzentrierten Konzeptionen weitgehend gescheitert sind. Es deutet sich die Rückgewinnung der qualifizierten menschlichen Arbeitskraft in Produktion, Verwaltung, Konstruktion und Planung an.

Freilich muß auch angemerkt werden, daß unter den Bedingungen des ökonomischen Anpassungsdrucks „menschbezogene" Arbeitsbedingungen Strategien und deren Realisierung voraussetzen, die nicht mehr durch kleinschrittige, abgezirkelte Veränderungsprozesse eingeleitet werden können, sondern weitreichende Transformationen überkommener produktions- und arbeitspolitischer Modelle voraussetzen.

Dazu bedarf es auch einer Weiterentwicklung der sich jetzt abzeichnenden „Mensch-Zentrierung" bei neuen Produktionskonzepten zu einer Humanisierung der Arbeit als einem betrieblichen, sozialen, ökologischen und gesellschaftlichen Produktionskonzept. So sind z.B. im schwedischen Programm „LOM" (Leistung, Organisation, Mitbestimmung) wesentliche Elemente angelegt, die für die Weiterentwicklung bisheriger „menschzentrierter" Ansätze genutzt werden können und müssen. Im Programm „LOM" finden sich Ansätze, die einen Beitrag leisten können, um das bundesdeutsche Programm „Arbeit und Technik" zu einem sozial und ökologisch geprägten europäischen Produktivitätskonzept weiter zu entwickeln.

Dabei sind insbesondere folgende Elemente von Interesse:

– Die durch das schwedische „LOM-Programm initiierten Projekte sind durch Übereinkünfte der Tarifvertragsparteien und die Beteiligung von Staat und Wissenschaft auf eine breite Basis gestellt. Dies drücken unter anderem gewachsene Kooperations- und Mitbestimmungsbeziehungen aus. Sie aufzugreifen und fortzuentwickeln wäre ein wichtiger Baustein bei der Installation von Flexiblen Fertigungssystemen.
– Im „LOM"-Programm werden viele Institutionen beteiligt. Es wird der Versuch unternommen, Netzwerke auf und zwischen allen Ebenen des Programms bis hin zum Betrieb aufzubauen. Diese Struktur wird als unerläßliche Bedingung für erfolgreiche Programmarbeit betrachtet. „LOM" ist von seinem Ansatz her radikal beteiligungsorientiert und egalitär.

- Als Bedingung für erfolgreiche Beteiligungsstrukturen wurde in Schweden versucht, eine kommunikativ-sprachliche Infrastruktur aufzubauen, die äußerst hilfreich bei der Organisation von Diskursen und der Entwicklung von Sprachkompetenz, insbesondere im Betrieb war. Vielleicht liegt gerade in diesem dialektischen Verstehen von Sprache eines der wichtigsten Elemente des Programms.
- „LOM" ist prozeßorientiert angelegt. Dahinter steckt die Erkenntnis, daß nicht die „großen Entwürfe" oder gar „Wallfahrtsorte" entscheidend für Strukturveränderungen sind, sondern das Begreifen, daß Veränderungen in zeitlichen Prozessen ablaufen, deren Ergebnisse meistens nicht vorherbestimmt werden können. Zwischenzeitlich zeigt sich ja, zu welchen gigantischen Irrtümern und Fehlinvestitionen Großprojekte führen können. Die Kernenergie ist hier nur ein Beispiel.

Die egalitäre Beteiligung der Tarifvertragsparteien und anderer Betroffener, die Kommunikation über möglichst viele Netzwerke und über alle Ebenen, das Begreifen der Sprache als Bedingung, um Barrieren zu überwinden, sowie die Prozeßorientierung sind die wichtigsten Elemente des schwedischen „LOM"-Programms, die es zu verstehen und auch in der Bundesrepublik weiterzuentwickeln gilt.

6. Fazit

Übertragen auf deutsche Bedingungen sind dabei besonders folgende Eckpunkte erforderlich:

Notwendig ist die Herausbildung von Strukturen für Prozeßveränderungen. Der richtige Ansatz der Prozeßorientierung müßte durch eine geeignete Prozeßunterstützung begleitet werden mit inhaltlichem Bezug und in Form einer „Supervision".

Ein Programm zur Herausbildung eines bundesdeutschen Produktivitätskonzeptes sollte strukturbildend und damit auch strukturverändernd angelegt sein, um der Gefahr, ergebnislos zu bleiben, entgegenzuwirken. Die Tarifvertragsparteien benötigen eigene strukturbildende Unterstützungsleistungen, z.B. in Form von Beratungsleistungen, um am Projekt eines bundesdeutschen Produktivitätskonzeptes erfolgreich mitarbeiten zu können.

Um die angelaufene Diskussion über neue Produktionskonzepte einmünden zu lassen in eine Richtung, die möglichst hohe Synergieeffekte für Produktivität, Humanität und Ökologie verspricht, bedarf es des demokratischen Dialogs über die Forschungs- und Technologiepolitik auf staatlicher Ebene sowie die Forschungs- und Entwicklungsaktivitäten auf Unternehmens- und betrieblicher Ebene.

Welche Erfolge durch das Zusammenwirken von Unternehmensleitungen, Gewerkschaften und Wissenschaft bei betrieblichen Innovationsprozessen erzielt werden können, zeigen viele Projekte der IG Metall im Rahmen des „HdA-Gestaltungsprojektes" deutlich auf. Selbstverständlich geht es nicht darum, spezifische Interessen zu überdecken. Auch bei der Gestaltung von Arbeit und Technik führen „faule Kompromisse" nicht weiter, da sie substanzlos sind. Vielmehr kommt es darauf an, auf der Basis der eigenen Interessen und Bedürfnisse sowie Zielvorstellungen und Motivationen in einen Dialog mit anderen Beteiligten einzutreten.

Die Förderung solcher Prozesse ist dringende Aufgabe einer Forschungs- und Technologiepolitik bei der Wahrnehmung ihrer Verantwortung im Rahmen einer umfassenden Innovationsstrategie.

Noch deutlicher als bisher muß Klarheit darüber hergestellt werden, daß ausschließlich technikzentrierte Rationalisierungskonzeptionen, auch beim Einsatz Flexibler Fertigungssysteme, weder den gewünschten ökonomischen Erfolg noch positive Auswirkungen auf den Betrieb als Sozialgefüge bringen. In der Bundesrepublik sind alle Beteiligten unter Einbeziehung der Tarifvertragsparteien aufgerufen, einen Beitrag zu leisten, um ausgehend von vorhandener europäischer Industriekultur Produktionskonzepte zu entwickeln, die betriebliche Rentabilität zusammenbringen mit humanen Arbeitsbedingungen.

Dies wird nur möglich sein, wenn die menschliche Arbeitskraft wieder in den Mittelpunkt betrieblichen Geschehens gerückt wird.

Anmerkungen

1 Vgl. Womack, J.P., D.T., Roos, D., MIT-Studie (1992).

Literaturverzeichnis

Womack, J.P., Jones, D.T., Roos, D.: [MIT-Studie (1992)] Die zweite Revolution in der Autoindustrie, 4. Aufl., Frankfurt am Main, New York 1992.

Fertigungsinselkonzept im Hause Sulzer Weise GmbH, Bruchsal

Von Rudolf Schmitt, Bruchsal

Inhaltsübersicht

1. Das Unternehmen Sulzer Weise
2. Ausgangssituation in der Kleinserienfertigung
3. Das Pilotprojekt
   3.1 Darstellung der Pilot-Fertigungsinsel
   3.2 Ergebnisse des Konzepts
4. Die Komplettumstellung der Fertigung
5. Fazit

1. Das Unternehmen Sulzer Weise

Sulzer Weise hat 120 Jahre Erfahrung im Bau von Kreiselpumpen. Seit 1972 ist es eine 100 % Tochtergesellschaft des Schweizer Technologiekonzerns Gebr. Sulzer AG, Winterthur. Die Herstellung von Pumpen in Bruchsal konzentriert sich heute auf folgende Hauptanwendungsgebiete:

- Energieerzeugung (speziell Kesselspeise-, Kondensat- und Kesselumwälzpumpen)
- Verfahrenstechnik (speziell Prozeßpumpen für die Raffinerie, Petrochemie, Chemie)
- Allgemeine Industrie (speziell für die Zellstoff- und Papierindustrie, die Zuckerindustrie).

Die Leistungsaufnahme der hergestellten Pumpen liegt zwischen 2 und 2.000 kW. Die Pumpen werden – marktbedingt – in hoher Variantenvielfalt und in kleinen Losgrößen hergestellt. Die Variantenvielfalt bezieht sich sowohl auf Geometrie- wie auch auf Materialvarianten. Die mittlere Losgröße der Pumpen beträgt 2 Stück.

Durch die kunden- respektive auftragsbezogene Fertigung ist nahezu jede Pumpe ein Unikat, wenn sie das Unternehmen verläßt.

Im Jahr 1991 waren 463 Mitarbeiter (ohne Auszubildende) beschäftigt, es wurde ein Umsatz von 98,4 Mio. DM erzielt.

2. Ausgangssituation in der Kleinserienfertigung

Seit Beginn der 80-er Jahre wurde das Unternehmen mit weitreichenden, aus den internationalen Marktbedingungen sich ergebenden Strukturveränderungen konfrontiert:

- Die Produktlebensdauer verkürzte sich durch beschleunigte technische Innovationen erheblich.
- Die Variantenvielfalt erweiterte sich durch Anpassung der Produkte an die stetig steigenden Kundenwünsche.
- Die Anforderungen an Qualität und Terminzuverlässigkeit nahmen immer mehr zu.

Auf der Grundlage der verrichtungsorientierten Arbeitsorganisation und der ausschließlich konventionellen Fertigungstechnik wurde es für das Unternehmen immer schwieriger, den neuen Anforderungen des Marktes gerecht zu werden.

Durch die mit den geringen Stückzahlen verbundenen kurzen Bearbeitungszeiten mußten die Werker die Maschinen mehrmals pro Schicht umrüsten; die Folge war, daß die Werker kaum Erholzeiten hatten. Es kam hinzu, daß bei den Facharbeitern Einarbeitungszeiten bis zu 2 Jahren erforderlich wurden, um einen angemessenen Akkordverdienst zu erreichen. Diese Unattraktivität hatte eine hohe Fluktuation an den Kleinmaschinen zur Folge mit der Konsequenz, daß im Durchschnitt jeder Arbeitsplatz innerhalb von 3 Jahren neu besetzt werden mußte.

Um den Leistungsdruck zu mindern, wurde neben dem Akkordlohn für ca. 40 % der in der mechanischen Fertigung tätigen Facharbeiter Zeitlohn eingeführt. Durch diese Maßnahme konnten die Probleme jedoch nicht gelöst werden.

Die Fluktuation ging zwar zurück, die restlichen Schwierigkeiten konnten allerdings nicht beseitigt werden. Die Herstellung der Teile, besonders der Kleinteile, war weiter das Hauptproblem der Fertigung.

Es wurde nach einer Fertigungsmöglichkeit gesucht, die

– eine hohe Flexibilität bietet (Teilevielfalt)
– eine hohe Reaktionsgeschwindigkeit bietet (Termine)
– und vor allem moderne, attraktive Arbeitsplätze bringt.

3. Das Pilotprojekt

3.1 Darstellung der Pilot-Fertigungsinsel

Die Anforderungen glaubte man mit einem gruppentechnologischen Ansatz erfüllen zu können und entschloß sich zu der Einführung einer solchen Gruppe in Form einer Pilotinsel für Kleinteile.

Das Konzept der „autonomen Fertigungsinsel" wurde für den Fertigungsbereich Kleinteile zuerst entwickelt und umgesetzt. Nach einer mehrjährigen Erprobungsphase wurde Ende der 80-er Jahre damit begonnen, die gesamte Fertigung einschließlich der Montage nach dem Prinzip der autonomen Fertigungsinseln neu zu strukturieren.

Im folgenden wird zuerst die Neugestaltung der Fertigung am Beispiel der Pilotinsel für Kleinteile beschrieben mit anschließender Darstellung der Umsetzung des Konzeptes auf die gesamte Teilefertigung.

Voraussetzung für die Einführung der Pilotinsel waren folgende Bedingungen bzw. Zielsetzungen:

- Zusammenfassung unterschiedlicher Arbeitsplätze zu einer Fertigungseinheit
- Komplettbearbeitung des vorgesehenen Teilespektrums
- Anwendung der CNC-Technik und konventioneller Maschinen
- Verringerung der Fertigungskosten um 20 %
- Verminderung der administrativen Tätigkeiten
- Verbesserung der Arbeitsbedingungen durch Aufgabenerweiterung, Arbeitsbereicherung und mehr Flexibilität
- Reduzierung der Durchlaufzeiten um 50 %
- Verringerung der Lagerhaltungskosten
- Standardisierung der konstruktiven Merkmale.

Mit dem Inselkonzept wird eine Arbeitsorganisation betrieben, in der möglichst jedes Gruppenmitglied in der Lage sein sollte, alle in der Insel anfallenden Arbeiten auszuführen wie:

- Organisieren und Disponieren
    -- Arbeitsbereitstellung und Arbeitsplatzeinteilung
    -- Festlegung der Auftragsreihenfolge innerhalb einer vorgegebenen Poolwoche
    -- Werkzeugverwaltung
    -- Meßzeugverwaltung.

- Maschinenbetrieb
    -- CNC-Maschinenbedienung
    -- Arbeiten an konventionellen Maschinen
    -- Pflege und Wartung der Maschinen
    -- Qualitätskontrolle durch Eigenkontrolle.

- EDV
    -- NC-Programmierung nach Makros
    -- Materialdisposition
    -- Terminsteuerung
    -- Kapazitäts- und Belastungsplanung
    -- DNC-Betrieb.

Um diese Aufgaben auszuführen, müssen die Inselmitarbeiter über eine fundierte, fachspezifische Qualifikation verfügen, über Fertigungsabläufe Bescheid wissen und über ein inselübergreifendes Organisationswissen verfügen.

Fertigungskonzept Sulzer Weise GmbH

Die Pilotinsel bestand aus 2-3 Gruppenmitgliedern pro Schicht. Für diese Mitarbeiter sind im Verlauf des Vorhabens qualifiziert ganzheitliche, planende und steuernde sowie kontrollierende Aufgaben/Tätigkeiten entstanden.

Die technische Ausstattung der Pilotinsel bestand aus folgenden Komponenten:

1 NC-Drehmaschine
1 NC-Bohr- und Fräsmaschine
1 Universaldrehmaschine
1 Schlosserarbeitsplatz
1 Kontrollplatz
1 Arbeitsplatz für die Planung und Steuerung der Produktion mit Hilfe eines Mikrorechners, Bildschirmterminals und Schnelldrucker.

In der weiteren Ausbaustufe wurde eine weitere NC-Drehmaschine integriert.

Verantwortlich für die interne Organisation und die Kommunikation mit den anderen Betriebsbereichen war in der Gruppe ein durch die Gruppe bestimmter Inselkoordinator. Ziel des Vorhabens war es, daß möglichst alle Gruppenmitglieder diese Funktion übernehmen konnten.
Dies bedeutet in der Konsequenz, daß die Meister und Vorarbeiter in ihrer Anweisungsfunktion zurücktraten. Bei der Bildung der Pilotinsel wurden die zu besetzenden Gruppenarbeitsplätze betriebsintern ausgeschrieben, wobei auf Qualifikation und Alter der Gruppenmitglieder besonders geachtet wurde.

3.2 Ergebnisse des Konzepts

Schon nach kurzer Zeit konnte festgestellt werden, daß das Pilotprojekt die gesteckten Ziele erreicht bzw. überschritten hat. Es ist dem Unternehmen mit dem Konzept auch gelungen, attraktive Arbeitsplätze zu schaffen und die betriebswirtschaftlichen Ziele zu erreichen.

Als besonders positiv wurde von den Mitarbeitern der Insel das Lernen in der Gruppe herausgestellt. Nach einer Befragung der Mitarbeiter ist die körperliche Belastung zurückgegangen, während geistige Anforderungen zugenommen haben. Eine Erhöhung der Arbeitszufriedenheit und der Motivation wurde durch die Gruppe bestätigt.

Das Vorhaben der Einrichtung der Pilotinsel Kleinteile erbrachte für den Betrieb und die Mitarbeiter positive Ergebnisse. So wurde durch die weitgehende Rücknahme der verrichtungsorientierten Arbeitsteilung und deren Ersetzung durch ganzheitliche, kooperative Arbeitsstrukturen eine erhebliche Verringerung der Belastungsfaktoren erreicht.

Die deutliche Erweiterung der Qualifikation wie auch der sozialen Rahmenbedingungen in der Insel machten die Arbeitsplätze mit zu den attraktivsten in der Fertigung. Zum anderen konnten die wirtschaftlichen Resultate die Überlegenheit der Inselorganisation gegenüber der konventionellen Produktion in der Kleinteilefertigung ausreichend belegen.

Diese positiven Ergebnisse gaben im Unternehmen den Anstoß, das Konzept der **au**tonomen **Fer**tigungs**in**sel (Auferin) im Betrieb auf alle Fertigungsbereiche auszuweiten.

4. Die Komplettumstellung der Fertigung

In der Zeit zwischen 1988 und 1990 wurde die gesamte Fertigung auf das Inselkonzept umgestellt.

Es wurden Auferins gebildet für

- Kleinteile (Büchsen, Hülsen, Ringe usw.)
- Gehäuseteile (Saug-, Druck-, Spiralgehäuse)
- Wellenteile (Wellen, Verbindungsschrauben)
- Scheibenteile (Laufräder, Leiträder, Stufengehäuse).

Ziel beim gruppentechnologischen Ansatz ist die Komplettbearbeitung der Teilefamilien in jeweils einer Auferin. Als logische Folge wurde die Montage ebenfalls einbezogen und neu gegliedert.

Parallel zur Neugestaltung der Arbeitsplätze (Umstellung der Maschinen, Anschaffung weiterer NC- und CNC-Maschinen) begann die fachliche Schulung und Qualifizierung der Mitarbeiter für ihre neuen Aufgaben.

Unser Ziel war und ist es, universell einsetzbare Mitarbeiter für die Inseln zu bekommen. Die angebotenen Ausbildungsmaßnahmen sind freiwillig; es wird kein Zwang ausgeübt. Aufgrund erarbeiteter Tätigkeitsmerkmale haben wir uns ein Ausbildungsprogramm mit folgenden Hauptzielen erarbeitet:

CNC – Grundausbildung
CNC – Aufbaulehrgang

Ausbildung am Feinsteuerungssystem
Qualitätssicherung
Gruppenverhalten
Ausbildung in der Instandhaltung
Ausbildung in der Elektrik
Ausbildung in der Elektronik
Ausbildung in den mechanischen Komponenten.

Für die Sicherstellung und Funktion der Gruppenarbeit ist auch künftig eine laufende Schulung und Weiterbildung der Werker erforderlich.

Bei der Umstellung der gesamten Fertigung kam dem Unternehmen zugute, daß die Mitarbeiter der Pilotinsel den Know-How-Transfer in die neu zu schaffenden Auferins bei der Planung und Einführung mit begleiteten.

Die außerfachliche Qualifizierung in neuen Denk- und Verhaltensweisen wird durch den externen Prozeßbegleiter (Ambrosch-Beratende Ingenieure) in Form von ein- bis zweitägigen Workshops moderiert. Dabei beschränken sich diese Aktivitäten nicht nur auf die Mitarbeiter der Fertigungsinseln.

Begonnen wurde mit dem außerfachlichen Training auf der Ebene der Geschäftsführung im Teamverhalten.

Anschließend wurden die betrieblichen Vorgesetzten im Teamverhalten entwickelt, und dann erst begann das Teamtraining der Insel-Werker.

Mittlerweile werden weitere Bereiche des Unternehmens, die mit der Produktion zusammenwirken, in die Qualifizierungsarbeit mit dem Ziel neuer Denk- und Verhaltensweisen mit einbezogen.

In allen Workshops ist der Betriebsrat mit einbezogen. Mittlerweile wurden mehr als 300 Mitarbeiter des Unternehmens in die Orientierungs- und Trainingsarbeit der außerfachlichen Aspekte der Arbeit integriert.

Die Qualifizierung der Auferin-Mitarbeiter in neuen Denk- und Verhaltensweisen läuft auf drei Ebenen:

– Fachkompetenz
– Methodenkompetenz
– Sozialkompetenz.

Das Ziel unserer Qualifizierungsarbeit ist die Stabilisierung einer umfassenden Handlungskompetenz auf allen Ebenen und über die Bereiche.

Inhaltliche und methodische Komponenten der Qualifizierungsmaßnahmen für die Auferin-Mitarbeiter sind:

- Qualität der Erzeugnisse
- Termintreue
- schnelle Reaktion auf Markterfordernisse
- Fähigkeit zur Produkt- und Prozeßinnovation
- Einsetzbarkeit der Mitarbeiter an unterschiedlichen Arbeitsplätzen
- Flexibilität der Mitarbeiter
- platzübergreifendes Denken und Handeln
- schnelle Reaktion in personellen Engpaßsituationen
- Fähigkeit der Mitarbeiter im Umgang mit neuen Techniken
- Fähigkeit der Mitarbeiter zu kurzfristiger Störungsbeseitigung
- Sicherung der Verfügbarkeit der technischen Systeme
- Innovationsbereitschaft
- Abbau von Fehlinformationen
- aktives Mitgestalten organisatorischer Änderungen
- Motivation und Leistungsbereitschaft.

Die Dauer der Qualifizierungsmaßnahmen im Gruppenverhalten wurde durch die Unternehmensleitung und den Betriebsrat unterschätzt. Dieses Problem kann nur mittelfristig gelöst werden.

Ein weiteres Glied bei der Einführung von gruppentechnologischen Arbeitsplätzen sind Steuerungs- und Informationsinstrumente für die Gruppe.

Bei Sulzer Weise wurde das Problem folgendermaßen gelöst: Ein übergeordnetes PPS-System erledigt die Grobsteuerung der gesamten Fertigung, und ein Insel-Steuerungssystem übernimmt die Feinsteuerung der Auferins.

Nach unserer Erfahrung ist die Feinsteuerung der Inseln mit einem übergeordneten PPS-System, das deterministisch angelegt ist, nur mit einem immensen Aufwand möglich und würde dem gruppentechnologischen Gedanken zuwiderlaufen. Das Feinsteuerungssystem soll die Werker unterstützen, einen vorgegebenen Wochenpool an Aufträgen terminverantwortlich durch die Auferins zu schleusen, und zwar unter den jeweils in der Insel herrschenden Verhältnissen (Maschinenausfall, fehlende Werkzeuge usw.).

An der Lösung des Steuerungsproblems wurde drei Jahre gearbeitet.
Sulzer Weise hat gemeinsam mit der Sulzer AG ein eigenes Steuerungs- und Informationssystem entwickelt, welches seit Ende 1991 in die einzelnen Auferins integriert ist. Es ist auf einer AS 400 implementiert.

Die bisherige Entlohnungsform in der mechanischen Fertigung war Zeitlohn und Einzelakkordlohn.

Das Entlohnungsproblem für die gruppenorientierte Entlohnung wurde 1991 mit dem Abschluß einer Betriebsvereinbarung gelöst.

Auf der Basis der Betriebsvereinbarung wurde in der Fertigungsinsel Kleinteile das Entlohnungsmodell Gruppenprämienlohn zuerst für sechs Monate erprobt.

Seit Februar 1992 arbeiten alle Auferins nach der neuen Entlohnungsform.

Für die Montage-Inseln muß das Entlohnungsproblem noch gelöst werden.

Der Prämienlohn setzt sich additiv aus 3 Bestandteilen zusammen:

1. Inselgrundlohn
Aus dem Inselgrundlohn, der dem Akkordrichtsatz der für die Fertigungsinseln vereinbarten Lohngruppen entspricht. Der Inselgrundlohn entspricht bei dem einzelnen Mitarbeiter dem Tariflohn seiner Lohngruppe.

2. Inselleistungsprämie
Aus der Inselleistungsprämie, basierend auf dem Inselzeitgrad derjenigen Mitarbeiter, die in die Gruppenentlohnung einbezogen sind. Sie errechnet sich nach der Formel:
Tatsächlicher Inselzeitgrad minus 100   (Inselzeitgrad z.B. 134 - 100 = 34 %).

Der Inselzeitgrad ergibt sich durch den Quotienten aus abgegebener Vorgabezeit und der Nettokapazität. Die Nettokapazität ergibt sich durch Subtraktion von Erholzeiten, materialbedingter Wartezeiten, Schulungszeiten etc. und der Anwesenheitszeit lt. Stempelkarte. Die Inselleistungsprämie wird monatlich berechnet und als variabler Bestandteil zum Monatslohn ausgezahlt.

3. Inseldispositionsprämie
Aus der Inseldispositionsprämie, die variabel und in der Höhe z.T. vom Zeitgrad abhängig ist.
Die Prämienausgangsleistung entspricht einem Inselzeitgrad von 110 %, die Prämienendleistung einem Inselzeitgrad von 135 %. Die Prämienlohnlinie läuft linear und weist eine Prämie zwischen 0 und 10 % zwischen Prämienausgangs- und Endleistung aus. Die Inseldispositionsprämie wird ebenfalls monatlich berechnet und ausgezahlt.

Die Dispositionsprämie wird den Mitarbeitern für die termingerechte Abarbeitung der Aufträge und für einwandfreie Qualität bezahlt.

Die neue Entlohnungsform hat sich mittlerweile bewährt.

5. Fazit

Hervorzuheben ist die Strategie des Unternehmens Sulzer Weise bezüglich der fertigungstechnischen Ausstattung, die eine Verträglichkeit von konventioneller und von CNC-Technik beinhaltet.
Der wesentliche Teil des innovativen Potentials beim Auferin-Prinzip ergibt sich aus arbeitsorganisatorischen Umstrukturierungen.

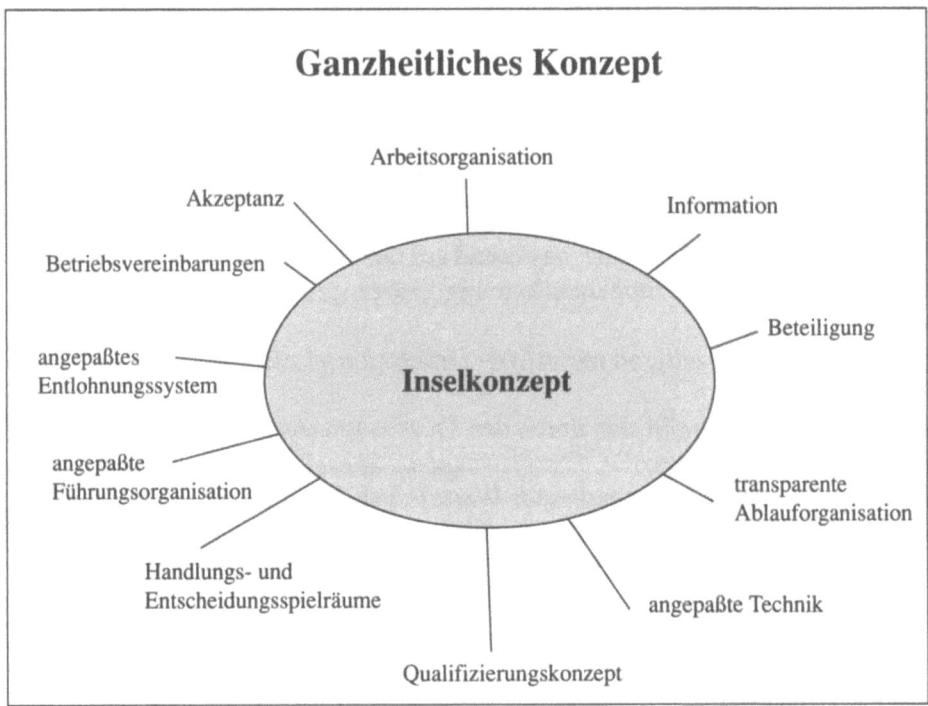

Abbildung 1: Das ganzheitliche Konzept zur Implementierung von Fertigungsinseln

Mitentscheidend für das Gelingen der ganzheitlichen Umstrukturierung ist die Einbindung des Betriebsrates und dessen aktive Mitarbeit in allen Stadien des Ablaufes von der Planung bis zur Umsetzung.

Wichtige Erfahrungen wurden in der Entwicklung kommunikativer und kooperativer Kompetenzen gemacht.

Eine Übertragbarkeit des Ansatzes der autonomen Fertigungsinseln einschließlich des Qualifizierungskonzeptes ist für andere Unternehmen des Maschinenbaues möglich, die im Bereich kleiner bis mittlerer Serien produzieren.

Für das Unternehmen Sulzer Weise ist das Inselkonzept ein Schritt in die richtige Richtung. Die in das Konzept der Fertigungsinseln gesetzten Erwartungen haben sich erfüllt.

Flexible Fertigungssysteme in der Automobilindustrie
– Ein Erfahrungsbericht –

Von Dr. Bernd Wilhelm, Volkswagen AG, Wolfsburg

Inhaltsübersicht

1. Einleitung

2. Strategische Stoßrichtung

3 Auslegungs- und Einsatzstrategie

4. Anwendungsbeispiele
   4.1   Motor
   4.2   Vorrichtungs- und Werkzeugbau

5. Erfahrungen

6. Anforderungen an zukünftige Systeme

7. Ausblick

1. Einleitung

Für einen Automobilhersteller wie Volkswagen sind vor allem attraktive und konkurrenzfähige Produkte, innovative Produktionstechnik, hohe Qualität und beherrschte Kosten wichtige Bausteine zur Sicherung der Wettbewerbsfähigkeit. Die Entwicklung der Kundenwünsche erfordert insbesondere in Phasen zunehmender Marktsättigung das Ausschöpfen aller Potentiale, dazu gehören im speziellen auch Marktnischen. Die daraus resultierende stärkere Produktdifferenzierung, die sich für den Kunden positiv in Form einer größeren Auswahl von Varianten und höheren Produktinnovationen darstellt, verursacht innerhalb des Unternehmens kleinere Produktionsmengen pro Variante. Die Folge davon sind erhebliche Kostensteigerungen vor allem in den kapitalintensiven Produktionsbereichen trotz einer meist sogar noch gestiegenen Gesamtstückzahl. Die Kosten pro Einheit und die Volumenentwicklung pro Variante beginnen damit auseinanderzulaufen[6]. Eine Antwort auf diese Herausforderung ist der verstärkte Einsatz flexibler Produktionssysteme, zu denen flexible Fertigungssysteme (FFS) für den mechanischen Produktionsbereich gehören.

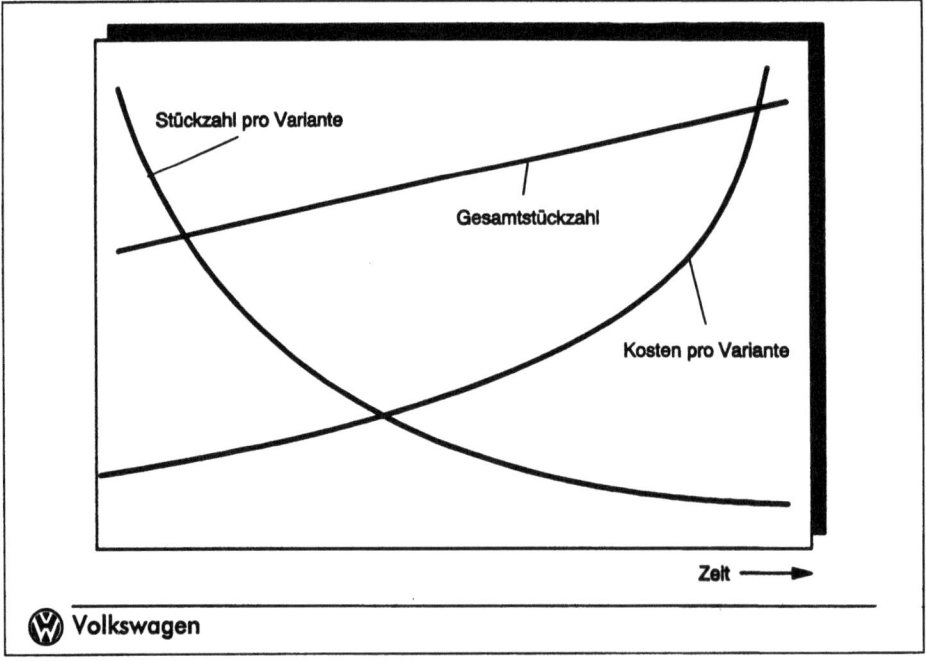

Abbildung 1: Varianten- und Stückkostenentwicklung

Die aus der Wettbewerbssituation entstehende Notwendigkeit zu höheren Innovationsraten erfordert eine drastische Verkürzung der Produktentwicklungszeiten. Durchgängige CAD/CAM-Systeme sind ein wichtiger Beitrag für diese Zeitverkürzung. Wird eine solche Prozeßkette noch durch integrierte flexible Bearbeitungssysteme ergänzt, so vergrößert sich die Zeitersparnis beträchtlich. Ein weiterer, wichtiger Aspekt ist die Verbesserung der Qualität.

Die Flexibilität der Fertigungstechnik ist heutzutage eine wesentliche Voraussetzung, um diesen Marktanforderungen nach schnellen Produktinnovationen gerecht zu werden. Der heutige Entwicklungs- und Leistungsstand der flexiblen Fertigungssysteme schafft die technischen Voraussetzungen, daß die o. g. Ziele und Anforderungen erfüllt werden können. Leistungsfähige Bearbeitungszentren mit umfangreicher Peripherie stehen als Bausteine für eine solche Fertigungsaufgabe zur Verfügung.

Um die Vorteile der flexiblen Fertigungssysteme voll ausschöpfen zu können, ist die Vorbereitung ihres Einsatzes auf eine breitere Basis als bei konventionellen Systemen zu stellen. Planer und Betreiber einer solchen Fertigung müssen deshalb Auswahl und Einsatz der flexiblen Ferigungssysteme noch umfassender als heute vorbereiten, um eine technisch wie betriebswirtschaftlich optimale Lösung zu ermöglichen.

2. Strategische Stoßrichtung

Die aufgeführten Kriterien und Merkmale beschreiben flexible Fertigungssysteme im Vergleich zu einer konventionellen Fertigungsanlage[4]:

- autarke, keine flußorientierte Fertigung
- geringe Stückzahl
- hohe Variantenzahl
- häufiger Auftragswechsel
- kleine Fertigungslose
- komplexere Bearbeitungen erfolgen auf mehreren parallelen Bearbeitungszentren durch den Einsatz von Universalmaschinen
- einsatzfähig für verschiedene Fertigungsaufgaben mit minimalem Umstellungsaufwand
- individueller Werkstücktransport
- größerer Flächenbedarf
- komplexe Leitsteuerung
- integrierter Informations- und Datenfluß

In der Praxis haben sich bei Volkswagen zwei Hauptstoßrichtungen für den Einsatz der flexiblen Fertigungssysteme herauskristalisiert: die Teileproduktion und die Fertigung von Betriebsmitteln.

Solche Fertigunganlagen eignen sich aufgrund ihrer Flexibilität bei der Teileproduktion besonders für Prototypen- oder Kleinserienfertigungen. Sie bieten damit die Möglichkeit, Teile in geringen Stückzahlen mit einem hohen Automatisierungsgrad und damit auch einer hohen Produktivität bei gleichzeitig hoher Qualität herstellen zu können. Die Fähigkeit, Kleinserien kostenoptimiert produzieren zu können ist eine wichtige Voraussetzung, um Marktnischen ausnutzen zu können.

Das in den flexiblen Fertigungssystemen vorhandene Netzwerk zur Steuerung der einzelnen Anlagen und zur Verteilung von Informationen bietet die Möglichkeit, innerhalb einer betriebsweiten Informationskette CAD/CAM-PPS-Informationen direkt in das System einzuspeisen. Das flexible Fertigungssystem stellt damit das Abschlußglied für die betriebliche Realisierung in der durchgängigen Prozeßkette dar.

Flexible Fertigungssysteme sind damit auch für die Herstellung von Werkzeugen und Betriebsmitteln prädestiniert. Vor allem die durchgängige, schnelle Datenübertragung reduziert den zeitlichen Aufwand einer Umstellung an den Bearbeitungsmaschinen und sichert somit eine hohe Prozeßsicherheit vor allem durch Fehlervermeidung. Betriebsmittel können so schneller, in höherer Qualität erstellt und im Falle von Produktänderungen auch schneller verändert werden.

3. Auslegungs- und Einsatzstrategie

Die bisherigen Erfahrungen westlicher Unternehmen zeigen, daß sog. Einzweck-Automatisierungen insbesondere bei Großserien die niedrigsten spezifischen Investitionen, umgekehrt aber flexible Automatisierungen z. B. mit Robotern, fahrerlosen Transportsystemen (FTS) u. a. m. zum Teil deutlich höhere Investitionen erfordern. Desweiteren weist das Produktionsprogramm eine typische ABC-Verteilung auf, die besagt, daß bereits wenige Hauptsorten den größten Teil des Produktionsprogrammes abdecken. Diese Erfahrungen lassen sich in praxi zu der recht einfachen, aber dafür um so wirksameren Auslegungsstrategie der sog. „Segmentierung" nutzen[7].

Dahinter verbirgt sich eine Aufteilung der Produktionsvolumina in Großserien, Mittel- und Kleinserien. Die einzelnen Fertigungsysteme sind den entsprechenden Serien zuzuordnen, hochautomatisierten Einzwecksystemen, z. B. Transfersystemen der Großserie und flexiblen Fertigungssystemen, z. B. in Form von Robotern, Bearbeitungszentren bzw. NC-Technik den mittleren und kleinen Serien. Mit einer solchen kombinierten Lösung lassen sich insbesondere die Vorteile der einzelnen Systeme nutzen und die Schwächen weitestgehend vermeiden. Voraussetzung für eine derartige Auslegungsstrategie ist ein ausreichend großes Produktionsvolumen, das eine Segmentierung in der geschilderten Weise zuläßt. Dieses hier beschriebene Segmentierungsprinzip ist inzwischen durchgängig in allen Werken des Volkswagen-Konzerns realisiert.

Flexible Fertigungssysteme dürfen nicht als Inseln im Betrieb geplant und realisiert werden. Sie sind nur dann effektiv und betriebswirtschaftlich sinnvoll, wenn sie in das Segmentierungskonzept und in die sonstigen inner- und außerbetrieblichen Abläufe eingebettet werden. Die Planung muß deshalb die internen Steuerungsanforderungen wie auch die systemmäßige Anbindung an die vorhandenen und geplanten Systeme voll einbeziehen.

Diese Einbettung umfaßt integrierte Systeme, die insbesondere die betriebsnahen Funktionen wie Produktionsplanungs- und Steuerungssysteme (PPS), Be-

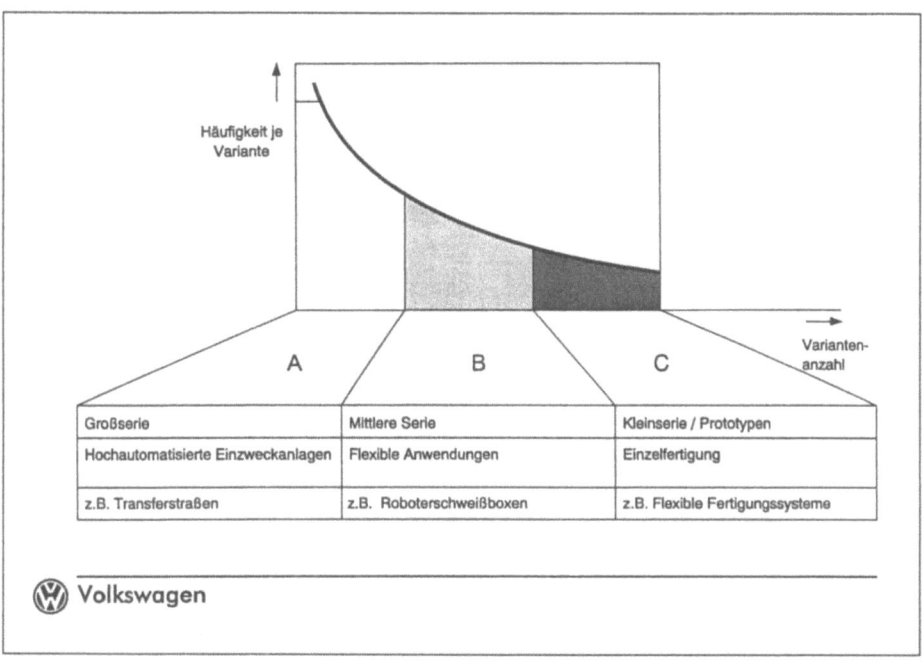

Abbildung 2: Auslegungsstrategie von automatisierten Systemen (nach [7])

triebsdatenerfassungssysteme (BDE), Materialflußsysteme, zentrale Werkzeugversorgung und -voreinstellung[4] und darüber hinaus die vorgelagerten Funktionen mit den produkt- und produktionstechnischen Systeme wie CAD oder NC-Programmierung beinhaltet.

Wichtig beim Aufbau eines flexiblen Fertigungssystems ist die konsequente Berücksichtigung der praktischen Anforderungen und Randbedingungen des Betriebs. Dazu gehören die Analyse der bestehenden Anforderungen, aber auch die „kreative" Extrapolation dieser Anforderungen und Randbedingungen in die Zukunft. Erfolgreiche Praxiseinsätze wirken meist simulierend beim Suchen nach zusätzlichen Einsatzgebieten. Erfahrungsgemäß werden dabei Lösungsansätze gefunden, die bei der ursprünglichen Anlagenauslegung nicht vorsehbar waren. Standardkonfigurationen sind daher meist die Ausnahme, vielmehr findet man eher individuell adaptierte Konfigurationen, die aus Standardmaschinen aufgebaut sind.

Neben dieser Hauptanforderung sind die folgenden weiteren Anforderungen zu nennen:

- Standardisierte, preiswerte Grundmaschinen (Bearbeitungszentren)
- Universelle technologische Einsetzbarkeit

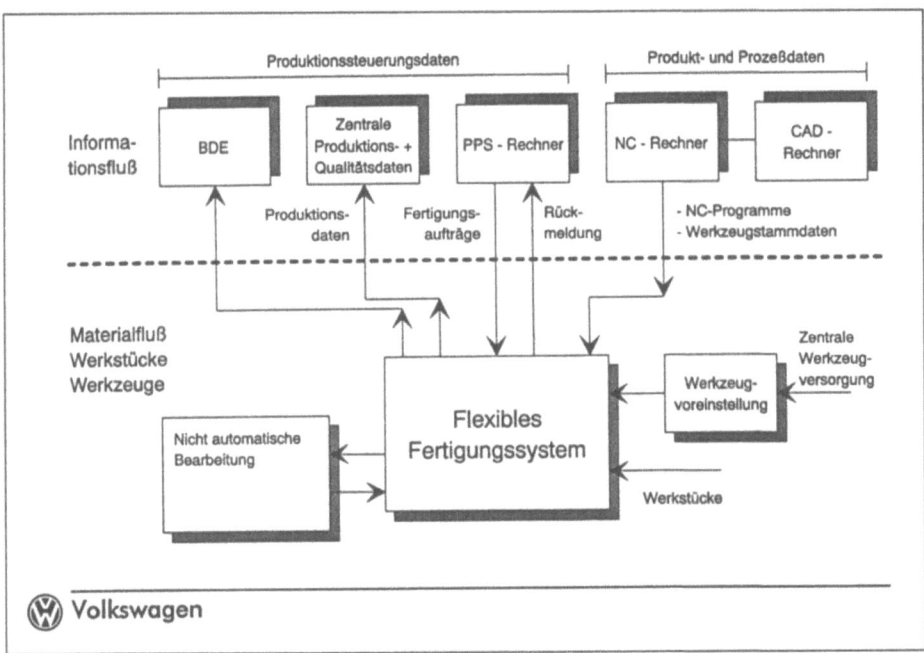

Abbildung 3: Einbindung der vor- und nachgeschalteten Bereiche

- Anforderungsgerechte Qualitäts- und Leistungsmerkmale
- Erweiterungsfähigkeit, Anpassungfähigkeit hardware- und softwareseitig

Ein für den langfristen Einsatz wichtiges Kriterium ist, daß die Anlage „aufwärtskompatibel" und offen für Erweiterungen und Ergänzungen sein muß.

Die einzelnen Bearbeitungsmaschinen sind z. B. so auszulegen, daß Mehrspindel- oder Winkelbohrköpfe sowie Spindeln für hohe Drehzahlen eingebaut und hohe Schnittgeschwindigkeiten gefahren werden können. Die zunehmende Automatisierung des Bearbeitungsprozesses erfordert eine entsprechende Prozeßüberwachung, wie z. B. Werkzeugüberwachungen, Leistungsüberwachungen, Werkzeugbrucherkennung, Meßtaster usw. Der Einsatz solcher Komponenten erfordert jedoch eine permanente Anpassung an die jeweiligen Bearbeitungsaufgaben, was schon bei der Planung zu berücksichtigen ist [5].

Um das Nutzungspotential flexibler Fertigungssysteme voll abzuschöpfen, muß das System möglichst in einem kontinuierlichen Betrieb und weitestgehend nebenzeitenfrei produzieren. Die Werkstück- und Werkzeugversorgung ist deshalb jederzeit sicherzustellen. Es ist offensichtlich, daß die erforderliche Peripherie, wie Werkzeugspeicher, Werkstückspeicher und Datenspeicher um so größer, d. h. aufwendiger und somit teurer ist, je größer die Auftragsvielfalt und je geringer die Losgröße ist.

Für den Betrieb eines flexiblen Fertigungssystems sind umfangreiche Datenmengen zu speichern, zu laden und zu verarbeiten. Das erfordert entsprechende Programmierungssysteme oder einen Anschluß der 3D-CAD-Systeme an den Fertigungsleitrechner für eine schnelle Übertragung[5]. Das sind auch Voraussetzungen für einen personalarmen oder vielleicht sogar personallosen Betrieb, um z. B. einen Pausendurchlauf zu ermöglichen oder in der dritten Schicht zu produzieren.

Dabei hat sich herausgestellt, daß das Tätigkeitsprofil der Maschinenführer – bei Volkswagen sog. „Anlagenführer" - und damit ihre Qualifikation zu erweitern waren, um die höheren Anforderungen derartiger komplexer Systeme zu erfüllen. Die Maschinenbediener wurden deshalb so ausgebildet, daß sie neben dem Führen der Anlage kleine Störungen selber beheben und Wartungsarbeiten in angepaßtem Umfang durchführen können. In diesem Bereich ist weiteres Entwicklungs- oder Verbesserungspotential zu finden. Die Behebung größerer Störungen erfordert eine besonders qualifizierte und einsatzfähige Servicegruppe. Entsprechende Diagnose- und Informationssysteme an den Maschinen unterstützen das Auffinden von Störungen durch optische Anzeige an den entsprechenden Stellen im Leitstand und an der Maschine[5]

4. Anwendungsbeispiele

Innerhalb des Volkswagen-Konzerns werden für beiden o. g. Anwendungsgebiete flexible Fertigungssysteme mit Erfolg eingesetzt. In den folgenden Abschnitten werden daraus zwei Einsatzmöglichkeiten beispielhaft beschrieben.

4.1 Motor

Im Volkswagen-Motorenwerk Salzgitter wurde für die Prototypen-, Vorserien- und Kleinserienfertigung unter möglichst seriennahen Bedingungen ein flexibles Fertigungssystem geplant und realisiert[4]. Zusätzlich sollten Varianten bestehender Großserienmotoren ohne Einschränkung und ohne zeitaufwendige Umrüstaktionen darauf gefertigt werden können. Die Bearbeitungsaufgabe beinhaltet Teile wie Zylinderkurbelgehäuse, Zylinderkopf, Pleuel, Kurbelwelle und Nockenwelle sämtlicher Motorentypen mit 4,5,6 und 8 Zylindern. Die Planung ging von einem Mengengerüst von ungefähr 120 Motoren pro Tag aus.

Aus dieser Aufzählung ist klar erkennbar, daß die Bearbeitungsaufgaben ein sehr weites Spektrum von Merkmalen abdecken. Es sind unterschiedliche Werkstoffe von Grauguß bis AlSi mit unterschiedlichen Werkzeugen, Schneidmitteln und Kühlmitteln zu bearbeiten. Die sehr verschiedenen, stark differierenden Bearbeitungszeiten stellen hohe Anforderungen an die Fertigungsplanung.

Für die Planung, Beschaffung und Inbetriebnahme dieses Systems wurde ein Projektteam gebildet, das sich im Kern aus Mitarbeitern der Fachabteilungen Produktionsplanung, Systemanalyse, Werktechnik und Produktion zusammensetzt. Bei Bedarf wurden fachspezifische Mitarbeiter von Fachbereichen wie Qualität, Logistik usw. temporär hinzugezogen. Das flexible Fertigungssystem wurde in die innerbetrieblichen Abläufe und Informationswege eingebettet, so daß es keine Insellösung darstellt, sondern einen integraler Bestandteil des Betriebs.

Das Fertigungssystem besteht im wesentlichen aus den folgenden Komponenten oder Arbeitsstationen:

- Bearbeitungsmaschinen für die Vor- und Feinbearbeitung
- Sondermaschinen (z. B. Wasch- und Meßmaschinen)
- Speicherplätze
- manuell bediente Stationen (z. B. Spann- oder Montageplätze)
- automatisches Transportsystem für Werkstücke und Werkzeuge

FFS in der Automobilindustrie

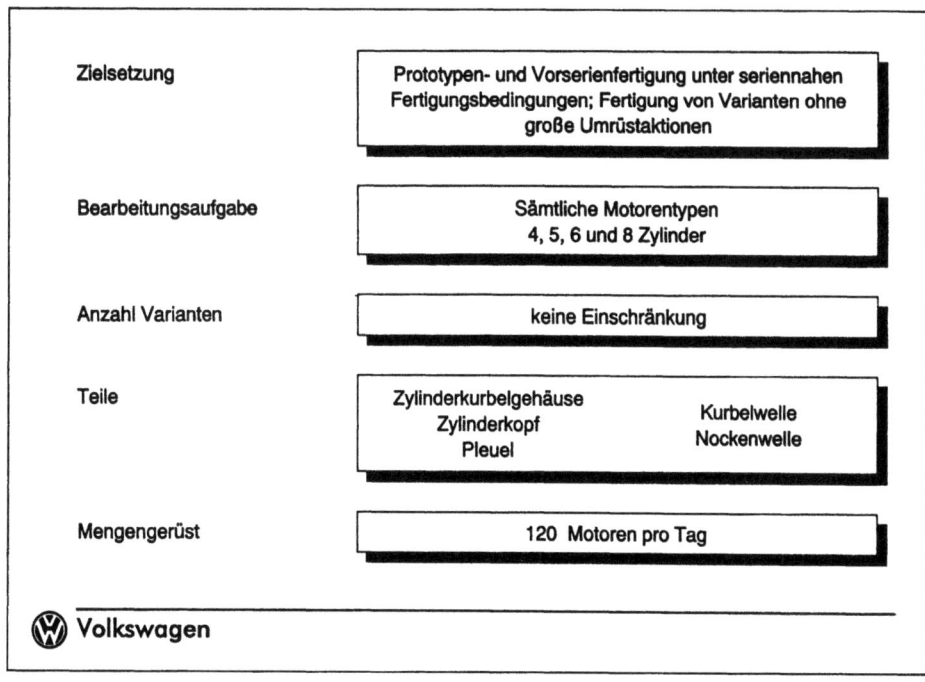

Abbildung 4: Planungsgrundlagen für ein flexibles Fertigungssystem [4]

Für die Zylinderkurbelgehäuse- und Zylinderkopfzelle sind als Transportsystem fahrerlose Transport Systeme (FTS) eingesetzt worden. Für die Fertigungszelle Pleuel und Kurbelwelle sind aus räumlichen Gründen schienengeführte Transportanlagen zum Einsatz gekommen. Die Komponenten der Arbeitsstationen und die Transportsysteme werden durch ein komplexes Steuerungssystem miteinander vernetzt (Abbildung 6).

Im Layout ist die Anordnung der einzelnen Fertigungszellen des flexiblen Fertigungssystems erkennbar. Die Lupendarstellung zeigt den Ausschnitt mit den Fertigungszellen Zylinderkurbelgehäuse, Zylinderkopf, Pleuel, Nockenwelle und Kurbelwelle. Zur optimierten Werkzeugver- und -entsorgung ist die zentrale Werkzeugvoreinstellung im Zentrum des flexiblen Fertigungssystems angeordnet. Die Steuerung des Systems erfolgt zentral vom Leitstand.

Die einzelnen Umfänge der maschinellen und anlagentechnischen Einrichtung sind wie folgt installiert:

- Fertigungszelle Zylinderkurbelgehäuse
- Fertigungszelle Zylinderköpfe
- Fertigungszelle Pleuel

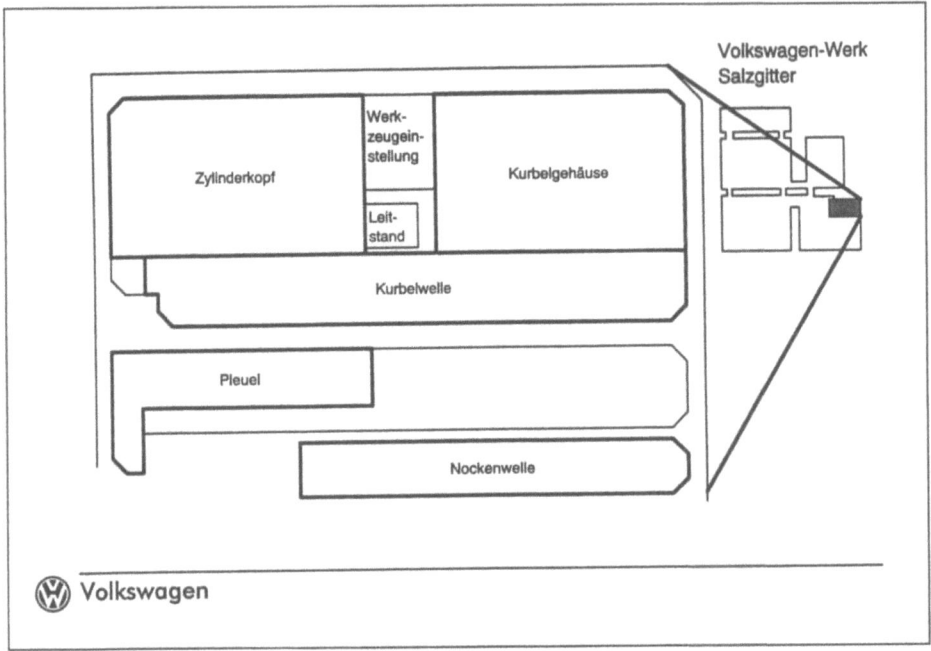

Abbildung 5: Layout flexibles Fertigungssystem Volkswagen Salzgitter [4]

- Fertigungszelle Kurbelwelle
- Fertigungszelle Nockenwelle

Die Transportaufgaben innerhalb des dargestellten Gesamtsystems übernehmen fahrerlose Transportsysteme (FTS). Bei der Auslegung des Systems stand ein Höchstmaß an Kompatibilität und Flexibilität im Vordergrund: Alle FTS-Fahrzeuge der einzelnen Fertigungszellen sind trotz unterschiedlicher Lastübergabe kompatibel. Die einzelnen Fahrkurse der FTS-Fahrzeuge sind untereinander mit dem im Werk Salzgitter hallenübergreifenden FTS-Bodenleitsystem verbunden und damit kompatibel zu den fahrerlosen Transportsystemen des gesamten Werkes. Die FTS können zwischen den Zellen ausgetauscht werden und zu einem dritten Einsatzort fahren.

Das dazugehörige Steuerungssystem der Fertigungsanlage unterteilt sich in 5 Ebenen:

- überbetriebliche Planungs- und Verwaltungsebene
- Planungs- und Koordinationsebene des FTS-Bereichs
- logische Steuerungsebene der einzelnen Fertigungszellen
- physische Steuerungsebene der einzelnen Fertigungszellen
- Ebene der Steuerungselemente (Umsetzung der Signale)

FFS in der Automobilindustrie

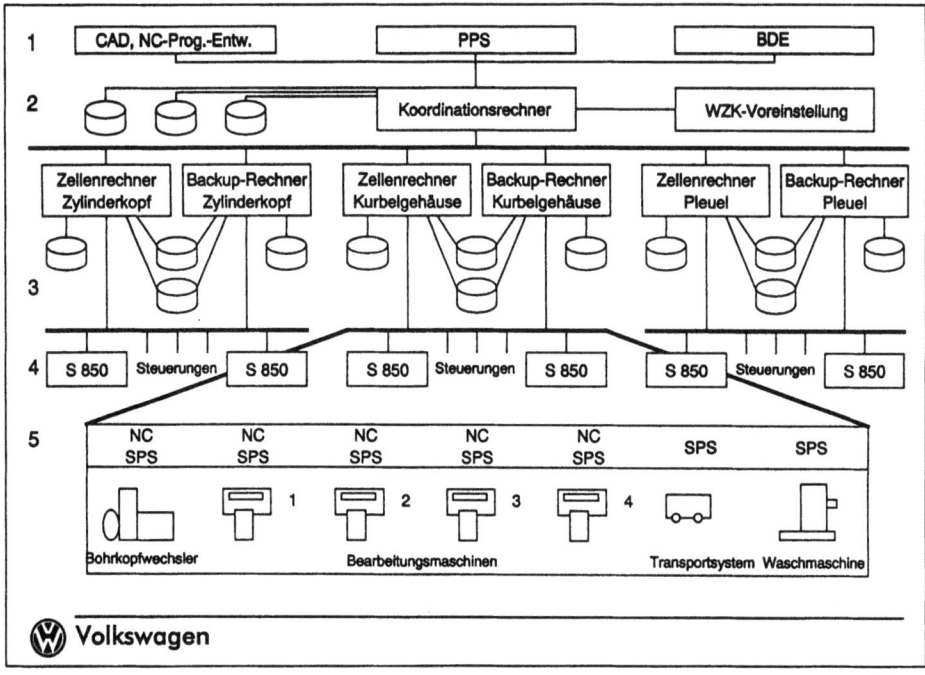

Abbildung 6: Systemkonfiguration Hardware [4]

Die einzelnen Maschinen sind so konzipiert, daß ein automatischer Betrieb gefahren werden kann und nur in wenigen Ausnahmefällen manuell eingegriffen werden muß. Die Anforderungen hinsichtlich kurzer Reaktionszeiten und hoher Zuverlässigkeit sind hoch. So kann z. B. bei Rechnerausfall das Gesamtsystem nicht genutzt werden, während bei Ausfall einer Bearbeitungsstation nur diese nicht genutzt werden kann. Es sind daher Doppelrechnersysteme in der logischen Steuerungsebene vorgesehen worden. Die Zuverlässigkeit ist einer der wichtigen Schlüssel für die Auslegung.

4.2 Vorrichtungs- und Werkzeugbau

Die Leistungsfähigkeit eines Vorrichtungs- und Werkzeugbaus hängt in hohem Maße von der Flexibilität seiner Maschinen und damit von der Möglichkeit der schnellen Realisierung bzw. Anpassung von Produkt und Produktionseinrichtung ab. Flexibilität ist daher der entscheidende Baustein zur Verkürzung der Zeitspanne der Produktionsvorbereitung.

Der Einsatz einer von der Entwicklung bis zum Betriebsmittelbau durchgängige CAD/CAM-Kette ist die geeignete Strategie, die durch Änderung von Kundenwünschen erforderlichen technischen Produktänderungen und Anpassungen der Produktionseinrichtungen schnell zu realisieren. Die Zeit zur Erstellung von Werkzeugen konnte damit drastisch verringert werden. Vor allem aufgrund der Durchgängigkeit des Informationsflusses von Styling über Fahrzeug- und Betriebsmittelkonstruktion bis zur Herstellung der Werkzeuge werden Fehler durch Anpassung oder Übertragung der Informationen vermieden. Diese Vorgehensweise erhöht die Prozeßsicherheit und damit die Qualität der Erzeugnisse. Gleichzeitig verbessert die permanente Überwachung der einzelnen Prozesse innerhalb des flexiblen Fertigungssystems die Qualität.

Durch die Bearbeitung im flexiblen Fertigungssystem reduziert sich vor allem die Anzahl der Aufspannungen der einzelnen Teile. Im Idealfall kann es in einer Aufspannung gefertigt werden. Dadurch sinkt einerseits die erforderliche Durchlaufzeit, andererseits sinken damit auch die Fehler, die durch die verschiedenen Aufspannungen verursacht werden und die Qualität der produzierten Teile steigt.

Durch die Implementierung einer Reihe von CAD/CAM-Lösungen realisierte Volkswagen eine durchgängige Prozeßkette vom Styling über Konstruktion bis zum Bau von Werkzeugen. Basierend auf den Styling- und Konstruktionsdaten

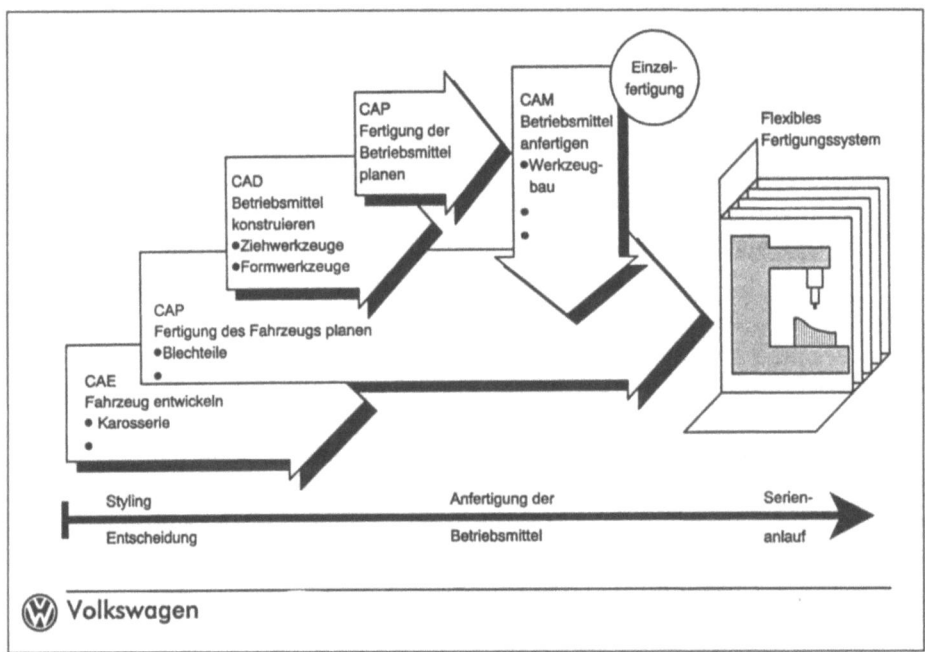

Abbildung 7: CIM – Prozeßkette

der Entwicklung, die in Form von Konstruktionsdatensätzen zur Verfügung gestellt werden, legt die Methodenplanung die Umformmethode und -operationen und deren Reihenfolge fest. Danach erfolgt die Konstruktion der Preßwerkzeuge in allen Details. Für das Werkzeug wird ein 3D-Volumenmodell generiert, das für die Erstellung von z. B. Gießmodellen o. ä. eingesetzt wird. Auf derselben Grundlage des Volumenmodells erfolgt die Erarbeitung der Frässtrategie, die Festlegung der Bearbeitungstechnologie und die NC-Programierung. Das DNC-Netz überträgt die NC-Daten zu den einzelnen Werkzeugmaschinen. Durch eine entsprechende Netzauslegung können externe Entwicklungspartner auf gleichem Wege mit den für sie erforderlichen Daten versorgt werden. Sie werden so in die Prozeßkette integriert wie ein interner Bereich.

Die Einbeziehung der Arbeitsvorbereitung in den Datenfluß und die Bereitstellung technologischer sowie ablauforganisatorischer Daten durch die Arbeitsvorbereitung stellen ein wesentliches Integrationspotential dar. Alle erforderlichen Daten und Informationen speichert das Konstruktionsdaten-Verwaltungs-System und stellt sie jedem Nutzer zur Verfügung. Die neuesten Anwendungen bei Volkswagen zeigen, daß für Werkzeuge von der Stylingentscheidung eines Fahrzeugs bis zur Fertigstellung weniger als 5 Monate benötigt wurden. Der Durchdringungsgrad bei der Oberflächenbearbeitung beträgt derzeit ca. 20 %.

5. Erfahrungen

Die in die Installation von flexiblen Fertigungssystemen bei Volkswagen gesetzten Erwartungen wurden nach deren Inbetriebnahme voll erfüllt. Sie zeichnen sich i. a. durch eine hohe Effizienz aus, was das beschriebene Beispiel des flexiblen Fertigungssystems für die Motorenfertigung gezeigt hat. Vor der Serienproduktion des neuen 6-Zylinder-Motors VR6 in Salzgitter wurden deren Prototypen schon auf dem entsprechenden Fertigungssystem hergestellt. Anschließend produzierte dasselbe System auch die Serienteile. Hieraus ergab sich zusätzlich der folgende Nutzen: Die Optimierung von Produkt und Produktionsprozeß konnte zu einem sehr frühen Zeitpunkt begonnen werden. Durch diese frühe Detailoptimierung am Produkt erreichte der Motor bedeutend früher seine Serienreife in Bezug auf fertigungsgerechte Gestaltung. Es fand eine simultane Erprobung von Produkt und Produktionsprozeß statt, deren Resultate die Produktkonstruktion noch maßgeblich beeinflußte. Diese Erfahrungen konnten wiederum für zukünftige Produkte verstärkt genutzt werden.

Ein weiterer Effekt ist, daß flexible Fertigungssysteme bei entsprechender Auslegung Produktionsspitzen von anderen Produkten auffangen, die üblicherweise gemäß o. g. Auslegungsstrategie auf Einzweckanlagen produziert werden.

Analog zu den hier beschriebenen Anlagen sind in allen Volkswagen-Werken mit Teilefertigung oder Betriebsmittelbau flexible Fertigungssysteme installiert. So konnten beispielsweise bei der Getriebefertigung in Werk Kassel vergleichbare Erfahrungen gesammelt werden. Hier sind allerdings schon Systeme in der 2. Generation realisiert. Auf diesen werden hauptsächlich Getriebegehäuse und andere prismatische Teile gefertigt.

Es hat sich gezeigt, daß flexible Fertigungssysteme die CAD/CAM-Prozeßkette bis zum Werkzeugbau ideal erweitern. Sie sind das Endglied des somit durchgängigen Systems, das das produzierende Glied darstellt. Sie helfen, die technischen Änderungen und ihre Auswirkungen zu beherrschen, das die Entwicklungsgeschwindigkeit erhöht.

6. Anforderungen an zukünftige Systeme

Der Endausbauzustand des flexiblen Fertigungssystems muß umfassender und früher als bei früheren Anlagen geplant werden. Es muß ein „offenes System" sein, damit es später auch ohne Änderung des Grundkonzepts umfangreich erweitert oder ergänzt werden kann. Auch wenn dieser Endzustand nicht sofort realisiert wird, gibt er doch ein Ziel für alle folgenden Aspekte vor.

Belegungsstrategie

Das Fertigungsystem wird mit wenigen bereits sicher gelaufenen Teilen, in großen Losen (bringt Erfolgserlebnisse und Entlastung aller Betroffenen) und bei schrittweiser Steigerung der Teilevielfalt und Senkung der Losgrößen eingefahren[5].

Inbetriebnahme

Die Anlage soll nur in beherrschbaren Schritten, wie bei der KAIZEN-Philosophie, automatisiert und vernetzt werden [3]. Am Anfang sollen unverkettete Einzelmaschinen eingesetzt werden, damit Maschinenbediener, Programmierer und Instandhalter die Maschinen kennenlernen, Programme eingefahren und optimiert werden können und Maschinenfehler beseitigt werden können. Die Verkettung soll erst dann durchgeführt werden, wenn die einzelnen Maschinen beherrscht werden und Bearbeitungsprobleme weitgehend gelöst sind.

Materialfluß

Eine möglichst geringe Vernetzung der Anlage verringert das Risiko und damit die Kosten und hilft, die Anlage technisch und organisatorisch zu beherrschen. Durch den Einsatz von Standardprodukten der Hersteller, die i. a. preiswerter, weniger störanfällig und deren Service und Instandhaltung einfacher sind, wird der Nutzungsgrad erhöht.

Ablauforganisation

Empirische Analysen zeigen, daß fehlende Werkzeuge für bestimmte Aufträge einzelner Bearbeitungsstationen zu erheblichen Stillstandszeiten führen. Damit sinkt der Nutzungsgrad des Gesamtsystems. Durch ein geeignetes Werkzeug-Management-System mit einer rechnergeführten Werkzeugversorgung und -disposition werden solche Störungen reduziert.

Mitarbeiter und Verbesserungsprozeß

Die Schulung und Information der Mitarbeiter ist ein weiterer, sehr wichtiger Baustein bei der Planung und Einführung solcher Fertigungssysteme. Diese Schulungen sind sinnvollerweise an bereits laufenden Anlagen des Herstellers auch wiederholt durchzuführen.

Untersuchungen bei [1] haben gezeigt, daß der Ausbildungsstand des Bedienpersonals der flexiblen Fertigungssysteme und das Entlohnungssystem einen großen Einfluß auf den Nutzungsgrad der Anlage hat. Der Einfluß des Menschen allgemein dominiert auch bei Systemen mit vollautomatischer Werkstück- und Werkzeugversorgung. Durch eine breit angelegte Qualifizierung des Personals kann diese Abhängigkeit bedeutend verringert werden.

Die Erfahrungen zeigen, daß mit zunehmender Komplexität der Fertigungssysteme deren technischer und wirtschaftlicher Erfolg in immer größerem Maße von den Planern und dem Bedienpersonal abhängt. Begeisterungsfähige Mitarbeiter sind für die Planung, Beschaffung und das Betreiben der Anlage zu gewinnen.

7. Ausblick

In Anbetracht der Dekade des „Zeitwettbewerbs" ist die technische Entwicklung auf dem Gebiet der Werkzeugmaschinen, Werkzeuge und Steuerungssoftware von strategischer Bedeutung. Neue, leistungsfähige Komponenten, Werkzeugmaschinen, Schneidwerkzeuge und Programmpakete werden entwickelt werden. Das ist die Aufgabe der Werkzeugmaschinen- und Werkzeugindustrie. Die Komponenten müssen dann anforderungsgerecht in die Konzepte der flexiblen Fertigungssysteme übernommen und integriert werden. Diese Aufgabe stellt sich den Planern und Betreibern.

Es gibt heute Stimmen, die verkünden, daß die zukunftsweisende „Lean Production" / „Lean Manufacturing"-Philosophie nicht im Einklang mit einem hohen Automatisierunggrad und einer flexiblen Automatisierung steht. Das Gegenteil ist der Fall. Automatisierung durch flexible Fertigungssysteme und „Lean Production" stehen sehr wohl im Einklang[8]. Eine Automatisierung und Flexibilisierung ist sogar die Voraussetzung, um eine hohe Produktivität, Qualität und Innovation zu erreichen. Erfahrungen in leistungsfähigen, nach „Lean"-Gesichtspunkten ausgelegten Fertigungen haben deutlich gezeigt, daß solche Fertigungssysteme in einer „schlanken" Fertigung sinnvoll integriert werden können.

Die Detailauslegung der Systeme ist allerdings von entscheidender Bedeutung. Die einzelnen Komponenten müssen robust – hier im Sinne von unempfindlich – automatisiert sein. D. h. es muß insbesondere auf die Zuverlässigkeit bei der Konstruktion und Auslegung der Systeme besonderer Wert gelegt werden. So entstehen Anlagen, die hoch flexibel sind und gleichzeitig sehr zuverlässig arbeiten und damit einen hohen Nutzungsgrad haben.

Parallel zu der technischen Entwicklung muß aber auch die Entwicklung organisatorischer Modelle für den Einsatz der flexiblen Fertigungssysteme vorangetrieben werden. Dieser Bereich ist noch nicht voll ausgeschöpft und bietet somit ein großes Potential für Verbesserungen. Solche technisch selbständigen Fertigungssysteme sind auch durch organisatorisch selbständige Einheiten zu betreiben. Hier ist sofort an Cost-Center- oder Profit-Center-Organisation zu denken. Diese kleinen organisatorischen Einheiten können sich einfacher mit dem vor Ort vorhandenen Potential selbständig weiterentwickeln in Bezug auf Leistungsfähigkeit, Nutzungsgrad der Maschinen und Anlagen sowie Qualität.

Flexible Fertigungssysteme bilden das betriebliche Glied in einer durchgängigen CAD/CAM-PPS-Kette. Deren An- und Einbindung in diese Daten- und

Informationsnetze ist ein entscheidendes Element zur Steigerung der Leistungsfähigkeit, Produktivität und Innovationsfähigkeit des Unternehmens. Auch dies steht in vollem Einklang mit der „Lean Production"-Philosophie.

Anmerkungen

1 Hammer, H.: Verfügbarkeitsanalyse von flexiblen Fertigungssystemen. Firmenschrift, Fa. Fritz Werner Werkzeugmaschinen AG, Berlin, o. J.
2 Heisel, U.: Untersuchung der Verfügbarkeit von Flexiblen Fertigungssystemen. Institutsbericht Universität Stuttgart, 1991.
3 Imai, M.: KAIZEN, The Key to Japan's Competitive Success. 1. Auflage, New York: Random House, 1986
4 Nottbohm, H.: Planung und Anwendung eine integrierten Flexiblen Fertigungssystems für Motorengroßteile. VDI Bericht Nr. 890, 1. Auflage, Düsseldorf: VDI-Verlag, 1991.
5 Schmoll, P.: Automatisierung nach Maß, Firmenschrift, Fa. Deckel, München.
6 Wildemann, H.: Kostengünstiges Variantenmanagement. io Management Zeitschrift 59, Nr. 11, Zürich: Verlag Industrielle Organisation, 1990.
7 Wilhelm, B.: Automatisierung in der Fertigung. ETZ Band 24, Jahrgang 112, Berlin: VDE-Verlag, 1991.
8 Womack, J.P.; Jones D.T.; Roos, D.: The Machine That Changed The World. 1.Auflage, New York: Harper Perennial, 1991.

SzU – Kurzlexikon

Automation

Übertragung körperlicher und z.T. auch steuernder Arbeiten auf Maschinen, so daß der Arbeitsprozeß für bestimmte Funktionen (bohren, fräsen) oder bestimmte Kombinationen von Funktionen stets in gleicher Weise und weitgehend auch mit gleichem Ergebnis (Produktqualität) abläuft.

Bearbeitungszentrum

Verkettung von NC- oder CNC-Bearbeitungsmaschinen mit einem automatischen System zum Werkzeug- und Werkstückwechsel. Der automatische Werkzeugwechsel ermöglicht es, mehrere verschiedene Bearbeitungsoperationen mit vernachlässigbarer Werkzeugwechselzeit durchzuführen.

CIM (Computer Integrated Manufacturing)

Integrierter EDV-Einsatz in allen mit der Konstruktion, Produktion und der Logistik zusammenhängenden Betriebsbereichen. Dabei soll eine Integration der technischen und der betriebswirtschaftlichen Daten in einer möglichst einheitlichen, redundanzfreien Datenbasis erreicht werden.

Durchlauffreizügigkeit

Unter D. wird die Fähigkeit eines Produktionssystems verstanden, die Abfolge der für ein Produkt notwendigen Fertigungsaktivitäten zu verändern (variables Routing). Der Abbau starrer Fertigungsreihenfolgen führt zu mehr Flexibilität im Fertigungsdurchlauf.

Elastizität

Maß zur Quantifizierung der Flexibilität. Gemessen wird die Elastizität durch das Verhältnis der relativen Veränderung einer Größe zu der sie verursachenden relativen Änderung einer anderen Größe (z.B. relative Veränderung der Rüstkosten pro Stück bei einer bestimmten relativen Veränderung der Losgröße).

Flexibilität

Anpassungsfähigkeit eines Systems an veränderte Anforderungen.

Flexibles Fertigungssystem

Eine Konfiguration von Fertigungsanlagen, bei der mehrere numerisch gesteuerte Werkzeugmaschinen, die durch einen zentralen Rechner gesteuert werden, durch ein automatisiertes Transportsystem verbunden sind. In ein derartiges System sind zusätzlich automatisierte Lagersysteme sowie Handhabungseinrichtungen integriert.

Lean Production

Schlanke bzw. abgespeckte Produktion, die von allen verzichtbaren Polstern (Lägern) gegen Störungen des Betriebsablaufes befreit ist. Die Lean Production versucht vom Zulieferer über jeden Mitarbeiter in der Konstruktion, der Produktion bis hin zum Kunden alle Beteiligten durch Teamarbeit in die Verantwortung zu nehmen. Ziel der Lean Production ist es nicht, entstandene Probleme zu überwinden; die Mitarbeiter werden vielmehr dazu angehalten, durch vorausschauendes, vernetztes Denken Probleme gar nicht erst entstehen zu lassen. Erst dieses neue Denken schafft die Voraussetzung, Polster gegen Störungen (Probleme) abzubauen.

Logistik

Unter dem Begriff Logistik werden alle Tätigkeiten zusammengefaßt, die im Zusammenhang mit dem Transport von Personen oder Gütern und mit der Lagerung von Gütern verbunden sind. Somit beschäftigt sich die Logistik mit der Planung und Steuerung des inner- und zwischenbetrieblichen Material- und Warenflusses sowie mit dem Recycling von Reststoffen der Produktion und der Rückführung von verbrauchten Gütern aus dem Konsumbereich.

Magazinierungsplanung

Bestückung des Magazins eines Bearbeitungszentrums mit Werkzeugen. Die M. legt Art, Anzahl und Position der Werkzeuge im Magazin fest.

NC-, CNC-, DNC-Maschinen

Numerisch gesteuerte Werkzeugmaschinen. Bei NC-Maschinen werden die Bearbeitungsprogramme über Lochstreifen oder Disketten eingelesen. CNC-Maschinen verfügen über einen eingebauten Computer, so daß eine Programmierung der Bearbeitungsprozesse vor Ort in der Werkstatt möglich ist. Bei DNC-Maschinen werden die benötigten Programme in einem separaten Rechner gespeichert und können von dort einzelnen Bearbeitungszentren zugewiesen werden.

Produktionsplanung und -steuerung (PPS)

Der Einsatz rechnergestützter Systeme zur Planung, Steuerung und Überwachung der Produktionsabläufe von der Angebotsbearbeitung über die Stücklistenverwaltung, Auftragsreihenfolgeplanung bis zum Versand. Zentrale Aufgabe von PPS-Systemen ist es, für den zeitlich und mengenmäßig reibungslosen Ablauf der Produktionsprozesse zu sorgen. PPS-Systeme gehen von einem sukzessiven Planungskonzept aus, d.h., die Planungs- und Steuerungsaufgabe wird in mehrere hierarchische Stufen untergliedert, die nacheinander durchlaufen werden. Durch PPS werden folgende Ziele verfolgt: Termineinhaltung, Bestandssenkung, Durchlaufzeitverkürzung und Kapazitätsauslastung.

Prozeßkostenrechnung

System der Kostenrechnung, bei dem die Gemeinkosten in fertigungsnahen Bereichen und im indirekten Bereich (Verwaltung, Disposition) nicht wie in herkömmlichen Kostenrechnungssystemen durch Zuschlagsätze auf Produkte verrechnet werden. Die Gemeinkosten werden vielmehr für bestimmte Aktivitäten (Prozesse) – wie z.B. Bestellung, Lagerung, Arbeitsvorbereitung usw. – erfaßt und zu Prozeßkostensätzen verdichtet. Für die Kalkulation der Produkte ist die Art und Anzahl ausgeführter Prozesse zu erheben, die dann mit den Prozeßkostensätzen zu bewerten sind.

Reintegration der Arbeit

Abkehr vom Taylorismus, der durch extreme Spezialisierung und Arbeitsteilung Produktivitätsverbesserungen anstrebt. Reintegration der Arbeit führt im Vergleich zum Taylorismus zu umfangreicheren Arbeitsinhalten je Arbeitsplatz und hat eine Integration ausführender, steuernder sowie organisatorischer Arbeitsoperationen in einer Person zur Folge. Die Arbeitsinhalte werden damit für einzelne Mitarbeiter zwar umfangreicher, zugleich aber auch interessanter. Durch R. kann eine verbesserte Arbeitsmotivation und eine verbesserte Übersicht über die Produktionszusammenhänge bei gleichzeitig sinkenden Durchlaufzeiten (Abbau der Anzahl von Produktionsstufen und damit geringere Anzahl von Übergangszeiten) erreicht werden.

Teilefamilien

Zusammenfassung von Produkten, die mit *einem* Werkzeugmagazin eines Bearbeitungszentrums bearbeitet werden können. Beim Produktwechsel innerhalb einer Teilefamilie fallen kaum Rüstzeiten an. Allerdings führt ein Wechsel der Teilefamilie über die erforderliche Neumagazinierung (vgl. Magazinierungsplanung) zu Rüstkosten, die dann Gemeinkosten aller Teile der Familie sind.

SzU – Grundsätze und Ziele

Die Schriften zur Unternehmensführung (SzU) sind eine Fortsetzungsreihe thematisch jeweils in sich geschlossener Bände.

Die SzU verfolgen das Ziel, den Leser mit dem **neuesten Stand der betriebswirtschaftlichen Forschung und Praxis,** jeweils bezogen auf ein bestimmtes Gebiet der Unternehmensführung, vertraut zu machen. Weiterhin soll gezeigt werden, wie diese Erkenntnisse zur **Lösung praktischer Probleme** herangezogen und nutzbar gemacht werden können. Jeder Band dieser Reihe ist dem Grundsatz der **Verbindung von Wissenschaft und Praxis**, von wissenschaftlicher Forschung und praktischer Anwendung verpflichtet.

Entsprechend dieser Grundsätze kommen in jedem Band Hochschullehrer **und** Praktiker zu Wort, die sich mit dem jeweiligen Themengebiet – forschend oder in der Unternehmenspraxis – intensiv auseinandergesetzt haben.

Die SzU richten sich an **Praktiker in Unternehmensführung und Management,** die sich über aktuelle Schwerpunktthemen umfassend und kompetent informieren lassen wollen, sowie an **Dozenten und Studenten** der Betriebswirtschaftslehre.

Jeder Band der SzU enthält:

– „State-of-the-Art"-Aufsätze über Entwicklung und Stand der Betriebswirtschaftlehre in dem jeweiligen Teilgebiet,

– Schilderungen von Praxisproblemen und Berichte über den Einsatz wissenschaftlicher Instrumente und Konzepte zu deren Lösung,

– ein Glossar, das alle wichtigen Fachbegriffe ausführlich erklärt.

Die Schriften zur Unternehmensführung (SzU) erscheinen vierteljährlich. Die Schriftenreihe wurde 1967 von Herbert Jacob begründet und wird heute gemeinsam von Hochschullehrern und in der Unternehmensführung tätigen Praktikern herausgegeben.

Herausgeber

Prof. Dr. Dr. h.c. Herbert Jacob begründete im Jahre 1967 die „Schriften zur Unternehmensführung" (SzU). Er ist Professor der Betriebswirtschaftslehre und Direktor des Seminars für Industriebetriebslehre und Organisation an der Universität Hamburg. Seine Hauptarbeitsgebiete sind die Theorie der Unternehmung, Strategische Unternehmensplanung, Entscheidungen bei Unsicherheit und Probleme der Arbeitslosigkeit.

Prof. Dr. Eberhard Scheffler ist Mitglied des Vorstandes der BATIG Gesellschaft für Beteiligungen mbH und stellvertretender Vorstandsvorsitzender der B.A.T. Cigarettenfabriken GmbH. Er ist Honorar-Professor an der Universität Hamburg. Schwerpunkte seiner wissenschaftlichen Arbeit sind die Gebiete Unternehmensführung, Controlling und Rechnungslegung.

Prof. Dr. Dietrich Adam ist Professor der Betriebswirtschaftslehre an der Westfälischen Wilhelms-Universität in Münster. Schwerpunkte seiner wissenschaftlichen Arbeit sind Industriebetriebslehre, insbesondere Kostenpolitik, Fertigungssteuerung und ökologische Aspekte der Produktion, sowie Krankenhausbetriebslehre.

Dr. Jürgen Krumnow ist Mitglied des Vorstandes der Deutsche Bank AG mit der Regionalverantwortung für Norddeutschland, Skandinavien und Afrika und der Zuständigkeit für die Bereiche Controlling und Steuern. Schwerpunkte seiner wissenschaftlichen Tätigkeit sind Fragen der Harmonisierung der Rechnungslegung und Bankenaufsicht sowie Instrumente für das Banken-Controlling, insbesondere Ressourcen-, Risiko- und Rentabilitätsmanagement.

Prof. Dr. Wolfgang Hilke ist Professor für Betriebswirtschaftslehre an der Universität Freiburg i. Brsg. Seine Hauptarbeitsgebiete sind Marketing, insbesondere Dienstleistungs-Marketing, Rechnungswesen, insbesondere Bilanzpolitik und Bilanzanalyse, sowie Finanzierung und Investition.

Prof. Dr. Dieter B. Preßmar ist Professor der Betriebswirtschaftslehre und Leiter des Arbeitsbereiches Betriebswirtschaftliche Datenverarbeitung der Universität Hamburg. Seine Arbeitsgebiete umfassen Computergestützte Planung, Informationsmanagement, Softwaretechnologie und Rechnernetze.

Prof. Dr. Wolfgang Müller ist Professor für Betriebswirtschaftslehre an der Universität Frankfurt. Die Schwerpunkte seiner wissenschaftlichen Arbeit liegen in den Gebieten Versicherungsbetriebslehre, Entscheidungstheorie, Organisation und Informationsverarbeitung.

Prof. Dr. August-Wilhelm Scheer ist Direktor des Instituts für Wirtschaftsinformatik an der Universität des Saarlandes sowie Hauptgesellschafter des Software- und Beratungshauses IDS Prof. Scheer GmbH in Saarbrücken. Seine Hauptarbeitsgebiete sind die Entwicklung computergestützter Informationssysteme, Computer Integrated Manufacturing und Konzeptionen einer EDV-orientierten Betriebswirtschaftslehre.

Prof. Dr. Karl-Werner Hansmann ist Professor der Betriebswirtschaftslehre an der Universität der Bundeswehr in Hamburg und leitet dort das Institut für Industrielles Management. Sein Hauptarbeitsgebiet sind Produktionsplanung und -steuerung und Prognosemethoden für die Unternehmenspraxis.

Autoren

Prof. Dr. Dietrich Adam
Direktor des Instituts für Industrie- und Krankenhausbetriebslehre der Universität Münster

Prof. Dr. Ing. Dr. h.c. Dipl.-Wirt.-Ing. Walter Eversheim
Direktor des Laboratoriums für Werkzeugmaschinen und Betriebslehre (WZL) Lehrstuhl für Produktionssystematik RWTH Aachen

Dipl.-Ing. Dipl.-Wirt.-Ing. M. Fuhlbrügge
Wissenschaftlicher Mitarbeiter am WZL und am Lehrstuhl für Produktionssystematik RWTH Aachen

Prof. Dr. Jörg Becker
Lehrstuhlinhaber im Institut für Wirtschaftsinformatik an der Universität Münster

Dipl.-Kfm. Michael Rosemann
Wissenschaftlicher Mitarbeiter am Institut für Wirtschaftsinformatik der Universität Münster

Siegfried Bleicher
Geschäftsführendes Vorstandsmitglied der Industriegewerkschaft Metall für die Bundesrepublik Deutschland, Frankfurt am Main

Rudolf Schmitt
Produktionsleitung Sulzer Weise GmbH, Bruchsal

Dr. Bernd Wilhelm
Volkswagen AG Wolfsburg

MIX
Papier aus verantwortungsvollen Quellen
Paper from responsible sources
FSC® C105338

If you have any concerns about our products,
you can contact us on
ProductSafety@springernature.com

In case Publisher is established outside the EU,
the EU authorized representative is:
**Springer Nature Customer Service Center GmbH
Europaplatz 3, 69115 Heidelberg, Germany**

Printed by Libri Plureos GmbH
in Hamburg, Germany